108道懒人私房菜

甘智荣 主编

北京出版集团公司
北京美术摄影出版社

图书在版编目（CIP）数据

108 道懒人私房菜 / 甘智荣主编 . — 北京 ：北京美术摄影出版社，2018.12
ISBN 978-7-5592-0193-5

Ⅰ . ① 1… Ⅱ . ①甘… Ⅲ . ①菜谱 Ⅳ . ① TS972.12

中国版本图书馆 CIP 数据核字 (2018) 第 226739 号

策　　划：深圳市金版文化发展股份有限公司
责任编辑：董维东
助理编辑：李　梓
责任印制：彭军芳

108 道懒人私房菜
108 DAO LANREN SIFANG CAI
甘智荣　主编

出　版　北京出版集团公司
　　　　北京美术摄影出版社
地　址　北京北三环中路 6 号
邮　编　100120
网　址　www.bph.com.cn
总发行　北京出版集团公司
发　行　京版北美（北京）文化艺术传媒有限公司
经　销　新华书店
印　刷　鸿博昊天科技有限公司
版印次　2018 年 12 月第 1 版第 1 次印刷
开　本　720 毫米 × 1000 毫米　1/16
印　张　11
字　数　120 千字
书　号　ISBN 978-7-5592-0193-5
定　价　59.00 元

如有印装质量问题，由本社负责调换
质量监督电话　010-58572393

前言

许多读者尤其是上班族不愿意做饭并不是美食的诱惑力不够，而是苦于没有太多时间去准备和处理食材。时间长、工序多成了现代都市人和美食之间的一道屏障。其实，有很多精致的美食，耗时短、费力少、上桌快。

本书精选108道私房菜品，将最受欢迎的各式美味简餐如饭食、面条、三明治、沙拉及无烟厨房也能烹饪的众多美食如蒸菜、凉拌菜、烤箱菜、汤羹等一应囊括。让那些对美食有所追求的懒人吃货们学会5分钟快速烹饪，变身料理达人，天天不重样，美味吃不尽。本书为各国美食大集合，有连巧手妈妈也会惊叹的豪华快速大餐。好吃又营养、省时又简单。特别加入食材支巧招，将各种节省烹饪时间的点子收录其中，让读者朋友们花更少的精力在厨房里烹饪菜肴，留更多的时间在餐桌前享受美食。

这些懒人私房菜制作过程虽然简单，但在卖相、味道和营养上丝毫不会打折扣，详细的做法步骤图让想一试身手却又担心失败的懒人没有后顾之忧。更有分量与烹饪时间提示，让懒人吃货们知晓料理全程，合理安排时间。一周只需要去买一次食材，让懒人们多了自家烹饪的动力，开始吃自己做的饭菜，美味享不停。

目录

第一章

巧选食材，让料理更简单

第二章

美味简餐，一盘就能吃好

第三章

无烟烹饪，尽享入厨之乐

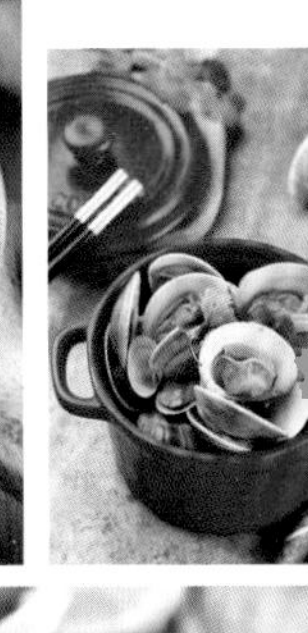

第一章

巧选食材，让料理更简单

耐储存食材、易熟成食材、半成品食材，

懒人吃货们寻觅良久的烹饪动力。

本章教你用最短的时间获得最大的享受，

更有易上手的厨具介绍，既省时又省力，

简直就是懒人吃货的福音。

耐储存食材，采购难题迎刃解

白萝卜

通风储存法（1周）

白萝卜最好能带泥存放，如果室内温度不太高，可放在阴凉通风处，能保持1周左右。

冰箱冷藏法（1周以上）

如果买到的萝卜已清洗过，用纸包起来装进塑料袋中，放入冰箱冷藏室可以储存1周以上。

海带

冰箱冷藏法（半年）

鲜海带不要洗，直接用塑料袋密封放于冰箱冷藏，可以存放半年。

密封法（3个月以上）

干海带购买后注意干燥密封保存，避免受潮发霉，可保质3个月以上。

分装冷冻法（半年）

鲜海带分装成小袋，放入冰箱冷冻保存，避免了食用时整体反复解冻，可保鲜半年左右。

木耳

通风储存法（半年以上）

木耳应放在通风、透气、干燥、凉爽的地方保存，避免阳光长时间照射，可保存半年以上。

冰箱冷藏法（半年以上）

用塑料袋封严木耳，放入冰箱冷藏室，可保存至少半年。

土豆

通风储存法（4～5天）

把土豆放在背阴的低温处，可保存4～5天，切忌放在塑料袋里保存，否则会捂出热气，使土豆发芽。

冰箱冷藏法（1周）

土豆不洗直接装在保鲜袋中，放进冰箱冷藏室保存，可以保存1周左右。

埋沙储存法（4天）

把土豆归拢在一起，放在背光通风处，用沙覆盖，以保持低温干燥，可保存4天左右。

洋葱

冰箱冷藏法（1周）

洋葱一旦切开，即使是包裹了保鲜膜放入冰箱中储存，因氧化作用，其养分也会流失。因此，洋葱应尽量避免切开后储存。完整的洋葱放入冰箱可保存1周。

丝袜储存法（1周以上）

如果把洋葱装进不用的长筒丝袜里，在每个洋葱之间打个结，使它们分开，然后吊在通风的地方，就可以使洋葱保存1周以上。

甜椒

冰箱冷藏法（1周）

甜椒用报纸包好或装入有孔的塑料袋，放在冰箱冷藏室，可保存1周。

南瓜

食盐保存法（1周）

如果在切开的南瓜切面上涂上盐，保存效果更佳，南瓜不仅1周不会烂，而且水分也不易流失。食用时，切下薄薄的一层，就会看到里面的南瓜新鲜如初。

白酒保存法（1周以上）

用低度的白酒擦一遍瓜皮，可以杀死表皮细菌，使南瓜不易腐烂，可保存1周以上。

冰箱冷藏法（5~6天）

南瓜切开后保存，容易从心部变质，所以最好用汤匙把心部掏空，再用保鲜膜包好放入冰箱冷藏，可以存放5~6天。

玉米

冰箱冷藏法（2周）

剥去玉米外层的苞片，留下3层苞片，不必择去玉米须，也不必清洗。放入保鲜袋或塑料袋中，封好口，放入冰箱冷藏室里保存，可保存2周左右。

莲藕

通风储存法（1周）

莲藕在室温中可保存1周的时间。切开的莲藕切面处孔的部分容易变黑、腐烂，所以要在切口处覆以保鲜膜，冷藏保鲜，可保存1周左右。

冰箱储存法（1周）

将莲藕直接用保鲜袋装好，放在冰箱冷藏室储存，可保存1周左右。

净水储存法（夏天：10天；冬天：1个月）

将莲藕洗净，从节处切开，使藕孔相通，放入凉水盆中让水注入藕孔，使其沉入水底。置盆于低温避光处，夏天1~2天，冬天5~6天换一次水，这样夏天可保鲜10天，冬天可保鲜1个月。

入锅易熟食材，提高效率上桌快

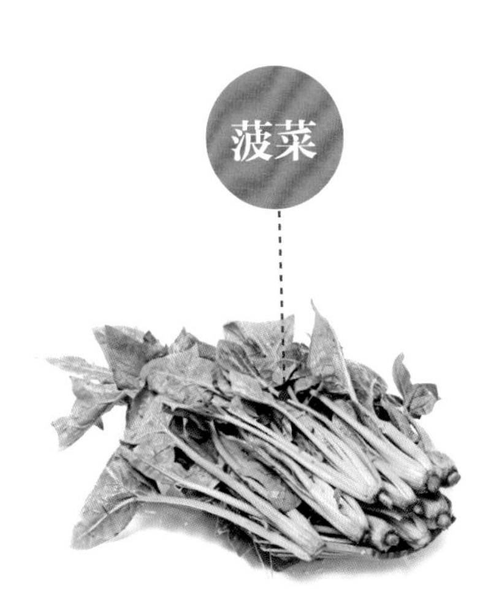

（1）菠菜可以炒、拌、烧、做汤或当配料用，如姜汁菠菜、芝麻菠菜、海米菠菜等。

（2）食用菠菜时宜先焯水，这样做不仅能去除草酸，还能去掉菠菜本身的涩味。

（3）煮菠菜，等到菜叶变绿时，加少许盐，菜叶就不易变黄。

（1）空心菜的嫩茎、嫩叶供食用，适用于炒、拌等方法。

（2）空心菜遇热容易变黄，烹调时要充分热锅，大火快炒。

烹饪豆芽时油盐不宜太多，要尽量保持它清淡爽口的特性，豆芽下锅后要迅速翻炒，适当加些醋即可。

生菜

（1）无论是炒生菜还是煮生菜，时间都不宜太长，以保持生菜脆嫩的口感。

（2）生菜生吃用手撕成片，口感较脆。

（3）将生菜洗净切好，加入适量沙拉酱，即可直接食用。

西红柿

西红柿如当天食用选七八分熟的，隔天食用选二三分熟的，果蒂呈鲜绿色尚未脱落的较为新鲜。注意青色未熟的西红柿不宜食用。

豆腐

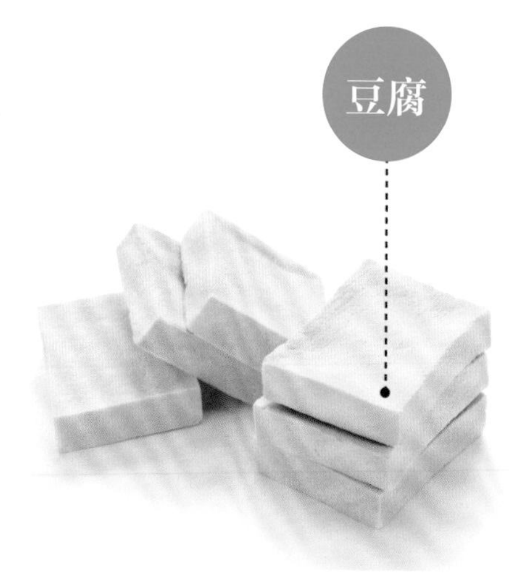

（1）豆腐切好后放入淡盐水中浸泡片刻，可以防止豆腐变质。

（2）翻炒豆腐时动作不宜过大，以免将豆腐炒碎。

紫菜

作为干制品，食用前应将紫菜先短时间泡洗，去除杂质后再清洗一次，才能用于烹饪。

鸡蛋

炒鸡蛋时不宜放入味精，因为味精的化学成分会影响鸡蛋本身的自然鲜味。

虾仁

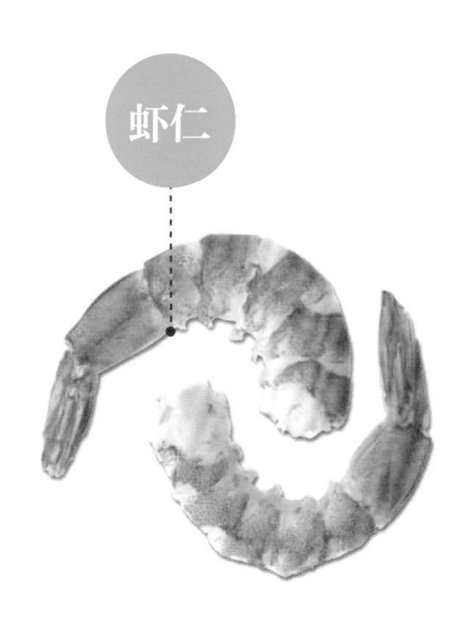

（1）虾的做法很多，灼、炒、蒸、炸都可以。

（2）烹调前，先用泡桂皮的沸水把虾冲烫一下，味道更鲜美。

（3）煮虾时滴入少许醋，可让虾壳更鲜红亮丽，且壳肉易分离。

半成品食材，加工处理更便捷

火腿

斩下一只火腿后，必须先将肉面的褐色保护层仔细地切掉；皮面用粗纸擦拭，再用温水刷洗干净。可先用泡入少量碱面的温水清洗即将食用的这只火腿，再用清水冲洗。火腿皮如暂不食用，可留在原腿上，先不切下。

火腿肉是坚硬的干制品，不容易炖烂，如果炖之前在火腿上涂些白糖，再放入锅中，就比较容易炖烂，且味道更为鲜美；用火腿煮汤时也可以加少量米酒，可使火腿更鲜香，且能降低咸度。

培根

温水清洗法：先用温水清洗培根，再用温水浸泡约半个小时，可以大大降低盐的含量。

食用时可先将培根的薄片进行烤或煎。在意大利料理中，培根可以做冷盘生吃，也可以作为意大利面的配料，或加在蔬菜汤、炖汤、肉串中。

梅菜

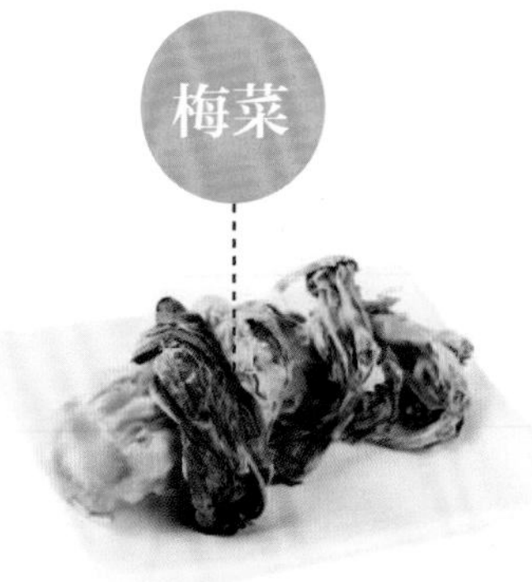

梅菜食用前先用冷水洗净，做菜时可蒸、炒、烧或做汤，可搭配猪肉或豆干、面筋、毛豆、虾米等；还可以煮烂后切碎配猪肉末作馅料，做成干菜包子或带馅烧饼。

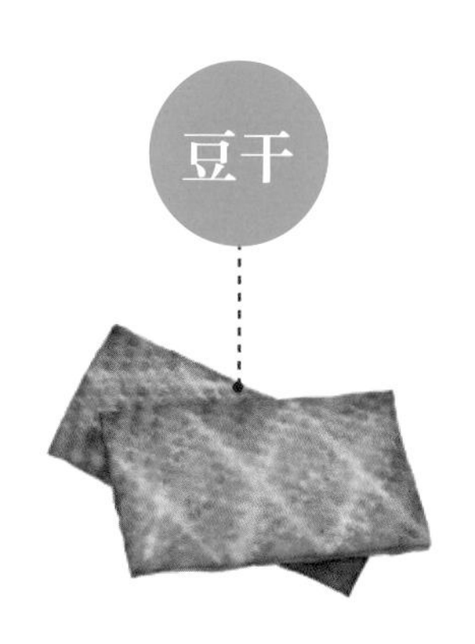

先将豆干泡入清水中，加入适量食盐，浸泡10分钟，用手搓洗一遍，再用清水冲净。

烹饪时可与肉、蔬菜、豆豉等进行拌炒，还可以做成凉拌菜。

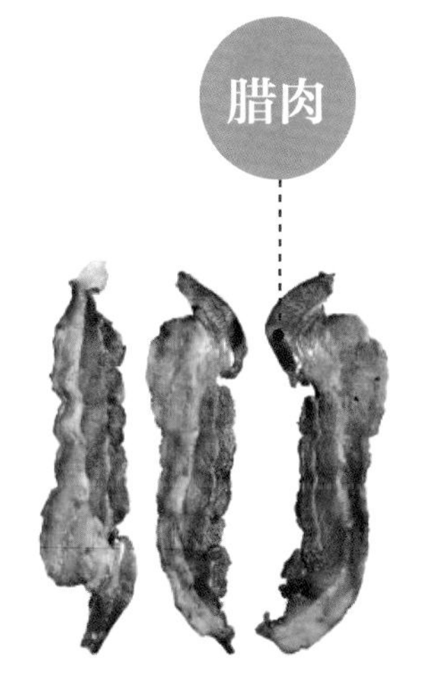

淘米水清洗法：将淘米水加热到微微有些烫手就可以关火，把腊肉放进去。用丝瓜瓤将腊肉表面的油灰清洗干净即可。

腊肉蒸、煮后可直接食用，或和其他干鲜蔬菜同炒。

热水清洗法：不管是散装还是包装的腊肠，在做菜之前，都需要在热水中洗一下。如果不喜欢吃肠衣，可将腊肠放在温水中泡开，再把肠衣去除即可。

传统做法就是蒸和煮，即水开后放入腊肠，蒸或煮20分钟，直接切片食用。也可切片与蒜薹、青蒜、青豆、辣椒、蘑菇等一起炒，注意不需要再加盐，因为腊肠的咸度足够烹饪一道菜。

香肠

香肠去除外包装后，放在流水下稍微清洗表面即可。

食用时，香肠可直接蒸或烤熟即可，也可以用来炒饭或者炒菜。

皮蛋

用清水冲洗皮蛋，然后将外壳剥去，再次用清水冲洗干净即可。

食用皮蛋应配以姜末和醋；皮蛋最好蒸煮后食用，以减少其氨含量。

生皮蛋不宜存放于冰箱，否则会降低其食用价值。

鱼干

搅拌清洗法：准备一小盆清水，把鱼干放进去，用手轻轻搅拌让脏东西悬浮或沉淀，捞起鱼干，再冲洗三四次即可。

鱼干的烹制方法众多，或直接清蒸或与其他蔬菜同炒，或制成鱼干茄子煲等。

家庭常备的烹饪器具

1

2

1. 电饭锅

电饭锅是利用电能转变为热能的一种烹饪器具，具有对食品进行蒸、煮、炖、煨等多种操作的功能。使用方便，清洁卫生，近年电饭锅技术不断发展，更有焗蛋糕的功能，甚至还可以炸薯条。常见的电饭锅分为自动保温式、定时保温式以及新型的微电脑控制式三类。现在电饭锅已经成为日常家用电器，电饭锅的发明缩短了很多家庭花费在煮饭上的时间。

2. 电蒸锅

电蒸锅也叫电蒸笼，是一种在传统的木蒸笼、铝蒸笼、竹蒸笼等基础上开发出来的用电热蒸汽原理来直接清蒸各种美食的厨房常用电器。电蒸锅能均匀加热，保持蒸锅内温度一致，使食物受热均匀，不会出现夹生现象。采用叠层食物蒸架设计，可同时做多道菜，节省空间和时间。电蒸锅节能省电，30秒内出蒸汽，有自动恒温和断电功能。采用防滴防漏锅盖设计，让烹饪更加省心省力。

3

4

5

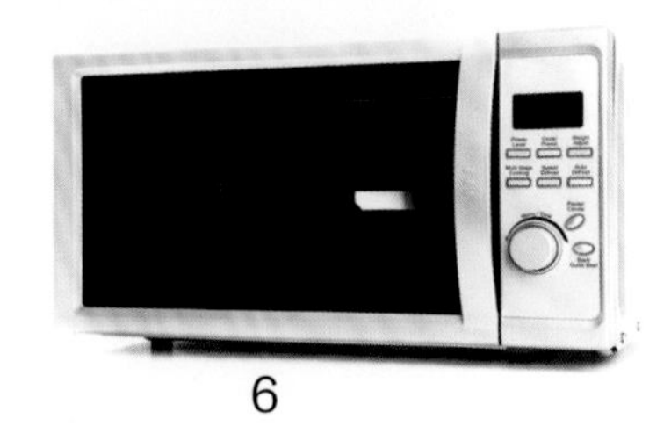

6

3. 汤锅

汤锅相对于炒锅容量大，煮汤的时候水分蒸发量比较小，保温性十分好，适合各种食材的汤水烹制。特别是烹饪蔬菜或是其他比较易熟的食物，用汤锅既方便快捷又营养美味。

4. 平底锅

平底锅是一种用来煎煮食物的器具，直径为20～30厘米。适合烘焙或炒制海鲜、肉类和家禽类，容易使用，只需短短几分钟，就能烹调出各式各样的佳肴。可烹制任何食物，包括肉类，甚至硬壳的海鲜如螃蟹、虾类、蚬、蛤蜊、花甲等。

5. 电烤箱

电烤箱是利用电热元件所发出的辐射热来烘烤食品的电热器具，可制作烤鸡、烤鸭，还可烘烤面包、糕点等。根据烘烤食品的不同需要，电烤箱的温度一般可在50～250℃范围内调节。

6. 微波炉

微波炉是一种利用电磁波加热和加工食品的现代化烹调器具。用微波炉加热或烹饪食物，时间短，但食物的水分也丧失较多；并且用微波炉做菜的时间与原料的分量有关，烹饪时需注意这几点。

时尚的新式烹饪器具

1. 铸铁锅

铸铁锅与普通的无烟锅、不粘锅相比，其特有的锅体无涂层设计从根本上消除了化学涂层和铝制品对人体的危害，在保证不破坏菜肴的营养成分的情况下，让全家人尽享健康与美味。铸铁锅材质密度高、锅盖重，蒸汽不易流失，炖菜不用多加水，部分水加上食材中的原汁就可以烹饪出美味，因此而备受欢迎。

2. 焖烧罐

焖烧罐的原理是使用开水将食物焖熟，其使用方法非常简单。首先将选好的食材洗好放进焖烧罐中，然后只需倒入足够的开水，焖上3～4个小时就可以了。这里还有一个小窍门，就是在使用焖烧罐之前先用开水将其烫一烫，盖上盖子焖一会儿再使用，这样可以提高焖烧效果。

3. 空气炸锅

空气炸锅因其体积小、少油烟等优点而备受青睐，不使用油，却能把食材烹制得如油炸食品一样酥脆美味。空气炸锅通过让热空气在密闭的锅内高速循环来烹制食材。热空气不但可以将食材烹制熟，也会带走食材表面的水分，使食材能够达到外酥里嫩的口感。所以用空气炸锅烹制出的食物与油炸食品在口感、味道上几乎无差异。而且，因其少油、无油烟，还可析出食材所含的油脂，更多了几分健康。

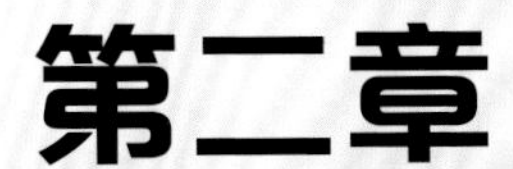

第二章

美味简餐，一盘就能吃好

米饭、面条、三明治、沙拉，

想吃，却苦于难做的美食料理。

本章教你轻松上手零失败制作简餐，

简单、便捷、营养、美味，

一盘就能吃好。

让米饭更香的若干技巧

蒸饭

正确淘米

把米放在水里搅动，不要搓洗，这样会使米中的稻壳浮起来。倒出水，如此反复两次，就会将米洗得很干净。米的表面有一层粉状的物质，它溶于水，会把米表面的污垢带走。

米和水的比例适当

在用电饭锅时，蒸饭以米∶水为1.1∶1.4的比例或者1碗米加1碗半水的比例放置。一般在这个范围内煮出来的米饭软硬适中。如果使用电饭锅内锅淘米，应把锅体外面的水擦干净再放入锅体。

加盐水蒸米饭

此法仅限于剩米饭需重新蒸时使用。吃不完的米饭再吃时需要重蒸一下，重新蒸的米饭总有一股味儿，不如新蒸的好吃。如果在蒸剩饭时放入少量盐水，就能去除米饭的异味。

加食醋蒸米饭

在蒸米饭时，在米中放点醋会使米饭的口感香软；而且如此蒸出的米饭易于存放且不易变馊，无酸味，饭香更浓。需注意每500克大米大约放1小勺（1毫升）的醋即可。白醋、陈醋皆可。

加油蒸米饭

如果大米存放的时间太久，可将米放入清水中浸泡2小时，捞出沥干，再放入锅中，加适量热水，再加1汤匙猪油或植物油，即可让米饭颗粒饱满，颗颗分明，香甜可口，并且还可以起到不粘锅的效果。用旺火煮开再用文火焖半小时即可。

让米饭不粘锅

当米饭蒸熟，电源按钮自动切换到保温状态时，不要切断电源，需等待15分钟后再切断，这样做能够让锅底的米粒充分吸收饭里的水分，避免出现粘锅底的现象。

2 炒饭

洗米

洗米的标准动作是以画圆的方式快速淘洗，然后把水倒掉，如此反复动作，至水不再混浊。淘洗的动作要轻柔，以免破坏米中的营养素。洗米主要是为了去掉粘在米上的杂质或米虫，所以洗的动作要快，倒水的动作也要快。

蒸饭

做炒饭的米饭，米中加水量应比一般的米饭少10%~20%。想要蒸出香甜软弹的米饭，可在锅内加水后滴入少许色拉油或白醋，再用筷子拌一下，或是盖上锅盖浸泡一段时间。

冷藏米饭

将煮好拨松的米饭直接摊开放于器皿上，让米饭快速冷却。将冷却的米饭密封包装，挤出多余的空气，按平后再放入冰箱冷藏。

炒米饭

如果要在炒饭中加入虾仁、胡萝卜等配菜，可以先将食材焯水再入油锅，快炒熟时加入米饭，让米饭在锅中均匀受热，食用时口感会更富有弹性。

拌饭

饭蒸好后，先用饭勺将饭拨松，再加盖焖20分钟，让米饭均匀地吸收水分。拨松的动作要趁热做，才能维持米饭颗粒的完整度。如果在米饭冷却后才拨松，炒出来的饭既不美观也不好吃。

软化米饭

冷藏后的米饭容易结块，要先抓松后，再用来炒饭，这样才能炒出粒粒分明的爽口米饭。从冰箱中取出冷藏的米饭，先洒上少许水，让冷饭软化且容易抓松。如果米饭尚未软化就抓松，则容易破坏米粒的完整，从而影响炒饭的口感。

米饭与鸡蛋同炒

炒锅中先放入蔬菜丁、肉丁等配料，炒到半熟时，加入米饭同炒，再把鸡蛋打散倒入锅中，让蛋液均匀地裹在饭粒上，这样就可以炒出“金裹银”的效果。

薏米

较难熟透，在煮前需以温水浸泡2~3小时，让其充分吸收水分。

香菇薏米饭

材料：

大米300克
薏米100克
干香菇50克
油豆腐、青豆各适量

调料：

盐2克
食用油适量

做法：

1. 将薏米洗净，浸透。
2. 将干香菇泡于温水中，20分钟后捞出沥干，泡香菇的水留下备用。
3. 将香菇、油豆腐切成小块。
4. 将大米、薏米、香菇块、油豆腐块放入碗内，加泡过香菇的水和清水一起搅拌均匀。
5. 加入盐、食用油，撒上青豆。
6. 上笼蒸熟，取出盛盘即可。

糯米

与少许盐、食用油、醋一起加热，色泽明亮，口感香。

青椒醋油饭

材料：

糯米100克
猪肉100克
香菇100克
青椒25克

调料：

盐2克
醋1毫升
食用油适量

做法：

1. 将糯米用水泡好，香菇、猪肉、青椒洗净切丝。
2. 将猪肉丝、香菇丝下油锅炒熟。
3. 放入青椒丝略炒。
4. 糯米加盐、醋、食用油拌匀。
5. 将拌好的糯米加适量水。
6. 用微波炉加热，取出搅匀，再加热至熟。
7. 取出盛盘，盖上猪肉丝、香菇丝、青椒丝即可。

椰浆红薯米饭

材料：

水发大米200克
水发黑米150克
红薯140克
椰浆180毫升

调料：

白糖适量

做法：

1. 红薯洗净去皮，切滚刀块。
2. 取一个碗，倒入大米、黑米，加入适量清水。
3. 蒸锅上火烧开，放入盛米的碗和红薯。
4. 盖上锅盖，大火蒸25分钟至熟软。
5. 砂锅置于火上，倒入椰浆，加入白糖。
6. 搅匀，熔化，煮沸。
7. 将煮好的椰浆盛出，装入碗中待用。
8. 掀开锅盖，取出米饭，装入碗中。
9. 摆上红薯块，浇上椰浆即可。

椰浆

不宜煮得过久，以免其中的营养物质流失。

松子

松仁加入炒饭前，可下锅炒至油香散发，味道更香。

松仁什锦饭

材料：

鸡肉、瘦猪肉各60克
蛋液100克
胡萝卜片、青豆各50克
米饭400克
松子仁15克

调料：

盐2克
食用油、清汤、白糖、料酒、生抽各适量

做法：

1. 将鸡蛋液加入锅中用油炒熟，青豆洗净。
2. 油锅烧热，投入鸡肉片、瘦猪肉片、胡萝卜片和青豆，快炒片刻。
3. 加入生抽、盐、白糖、清汤和料酒烧沸。
4. 倒入鸡蛋和松子仁，炒熟倒在饭上即可。

腊肠

可事先蒸一下，这样更易炒熟。

腊肠炒饭

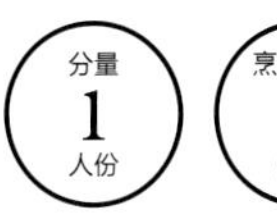

材料：

腊肠100克
冷米饭160克
葱花少许

调料：

盐、鸡粉各2克
食用油适量

做法：

1. 洗净的腊肠切条形，再切成丁，备用。
2. 用油起锅，放入切好的腊肠，将其炒至呈亮红色。
3. 倒入备好的米饭，炒松散。
4. 加入少许盐、鸡粉，炒匀调味。
5. 倒入少许清水，炒匀，撒上葱花，炒香。
6. 关火后盛出炒好的米饭装盘即可。

腊肠胡萝卜蒸饭

材料：

水发大米250克，腊肠40克，去皮胡萝卜70克，葱白少许

分量 2 人份

调料：

食用油适量

烹饪时间 36 分钟

做法：

1. 将腊肠用斜刀切成薄片；将去皮洗净的胡萝卜切厚片。
2. 蒸锅置于火上，注水烧开，放入淘洗干净的大米，盖上盖，大火蒸约20分钟至熟软。
3. 取出蒸好的米饭，在上面摆放腊肠片、胡萝卜片、葱白，淋入食用油，再将米饭放入蒸锅中，加盖续蒸10分钟至食材熟软即可。

叉烧炒饭

材料：

米饭190克，叉烧60克，蛋液60克，洋葱70克

调料：

盐2克，鸡粉2克，食用油适量

烹饪时间 3 分钟

做法：

1. 备好的叉烧切成片，切条，切丁。
2. 处理好的洋葱切开，切条，切丁。
3. 热锅注油烧热，倒入叉烧、洋葱，炒香。
4. 倒入备好的米饭，快速翻炒松散。
5. 倒入蛋液，翻炒均匀。
6. 加入盐、鸡粉，翻炒入味。
7. 关火后将炒好的饭盛入碗中即可。

切得尽量大小一致，均匀受热。

鸭肉炒饭

材料：

叉烧肉90克
烧鸭肉130克
蛋液60克
米饭160克
葱花少许

调料：

生抽5毫升
盐2克
食用油适量

1. 叉烧肉切成片，烧鸭肉切成小块，待用。
2. 热锅注油烧热，倒入蛋液，翻炒松散。
3. 倒入米饭，翻炒松散。
4. 倒入叉烧肉、烧鸭肉，快速翻炒片刻。
5. 加入生抽、盐，翻炒入味。
6. 倒入葱花，翻炒出葱香味。
7. 关火后，将炒好的饭盛出装入碗中即可。

米饭

做小饭团时，手上可以蘸点水，这样米饭才不会粘手。

烤味噌饭团

材料：

米饭150克

调料：

味噌酱适量

做法：

1. 将放凉的米饭捏制成一个个饭团。
2. 饭团放在烤架上，涂抹上味噌酱，烤出米饭的焦香气味。
3. 将饭团翻面，再均匀涂抹上味噌酱，将两面烤出焦香即可。

彩椒

外层可刷上一层黄油后烤制，味道会更香软。

焗彩椒芝士饭

材料：

米饭250克
彩椒2个
洋葱1/4个
芝士60克
切达芝士丝60克
酸奶油30克
奶油15克
高汤30毫升
香菜末适量

调料：

盐、胡椒粉、红椒粉各适量

做法：

1. 洋葱切丁，放入锅中用奶油炒软。
2. 加入米饭、酸奶油、芝士、盐、胡椒粉，炒匀。
3. 加入高汤，拌炒至米饭吸满水分。
4. 彩椒对半切开后去籽，填入炒好的米饭，撒上切达芝士丝。
5. 放入预热好的烤箱中，上下火 170℃烤约 20 分钟后取出。
6. 撒上红椒粉与香菜末即可。

番茄

喜欢浓郁番茄味道的人可以将番茄多翻炒片刻，口感会更好。

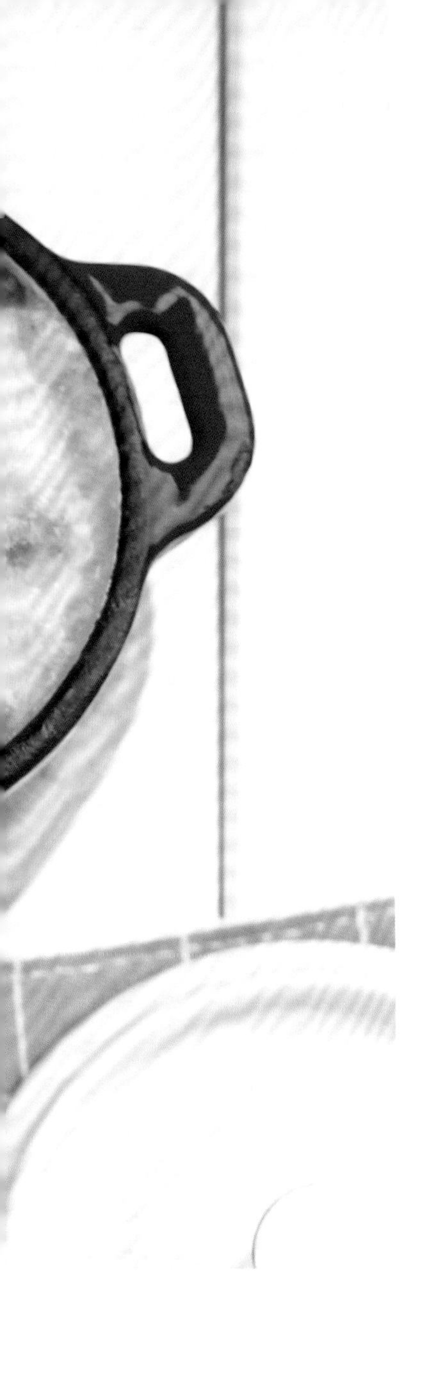

茄汁焗饭

材料：

番茄200克
马苏里拉芝士80克
米饭120克
蒜末少许

调料：

盐少许
食用油少许
芝麻油少许

做法：

1. 番茄上打上花刀，放入煮沸的水中略煮后捞出，撕去外皮，切成小块待用。
2. 热锅注油烧热，倒入蒜末炒香后加入番茄，翻炒均匀。
3. 待番茄煮至糊状，倒入米饭，翻炒至米饭松散，加入盐、芝麻油，再装入容器内，撒上芝士碎。
4. 将容器放入预热好的烤箱内，上下火180℃烤制10分钟即可。

糯米

事先用水泡发，会更易煮熟。

杂粮焗饭

材料：

糯米40克
黑米40克
小米30克
马苏里拉芝士70克

调料：

白糖少许

做法：

1. 把糯米、黑米、小米倒入碗中，注入少许清水，清洗干净。
2. 将脏水滤去后倒入电饭锅内，注入适量清水，撒入少许白糖，盖上锅盖将杂粮饭焖熟。
3. 将焖制好的杂粮饭盛出装入容器，撒上芝士。
4. 将容器放入预热好的烤箱内，上下火180℃烤制10分钟即可。

菠萝

如果比较酸，可以用盐水泡一下再用。

菠萝海鲜焗饭

材料：

菠萝40克
虾仁20克
米饭150克
蒜末少许
芝士碎20克

调料：

番茄酱20克
苹果醋30毫升
盐、橄榄油各适量

做法：

1. 菠萝切成小块。
2. 热锅注油烧热，放蒜末爆香，倒入虾仁、菠萝，翻炒均匀，加入番茄酱，炒匀。
3. 加入盐、米饭后快速翻炒松散，加入苹果醋、盐，翻炒调味，盛入容器内，撒上芝士碎。
4. 将容器放入预热好的烤箱内，以上下火 180℃烤制10分钟即可。

种类繁多的东西方面条

东方面条

炸酱面

炸酱面是北京极具特色的传统面食。炸酱的用料和制作都很讲究。一定要用干黄酱和甜面酱小火慢熬，肉要选肥瘦相间的五花肉。必不可少的菜码有黄瓜、萝卜、黄豆、豆芽、白菜丝等，也可以依照自己的喜好来搭配。

拉面

拉面又叫甩面、扯面、抻面，可以蒸、煮、烙、炸、炒，各有一番风味。拉面根据不同口味和喜好还可制成小拉条、空心拉面、夹馅拉面、毛细、二细、大宽、龙须面、扁条拉面、水拉面等不同品种。

烩面

烩面是一种类似宽面条的，以优质高筋面粉为原料，辅以高汤及多种配菜的河南特色美食，有着悠久的历史。其辅料以海带丝、豆腐丝、粉条、香菜、鹌鹑蛋、海参、鱿鱼等居多。它是一种荤、素、汤、菜、饭聚而有之的传统风味小吃。汤好面筋，营养高。

朝鲜冷面

冷面是源自朝鲜的冷食，主要材料是荞麦面或者葛根面，面条较细。朝鲜冷面分为水冷面和拌冷面两种，前者通常用凉汤制作，后者用辣椒酱等辣味调料拌面。水冷面一般选用荞麦面，由于荞麦面比较粗糙，面条容易断开，所以更适合做水冷面；拌冷面的面条一般用从土豆和地瓜中提取的淀粉制作，在水中容易泡发，所以做成拌冷面。

担担面

担担面是四川民间一种极为普遍且颇具特殊风味的著名小吃。此面色泽红亮，冬菜嫩脆、麻酱浓香，麻辣酸味突出，鲜而不腻，辣而不燥。面条细滑，主要作料有红辣椒油、肉末、川冬菜、芽菜、花椒面、红酱油、蒜末、豌豆尖和葱花等，口味油香麻辣，比较适口。

热干面

热干面既不同于凉面，又不同于汤面，面条事先煮熟，过冷水和过油后，再淋上芝麻酱、香油、香醋、辣椒油、五香酱菜等配料，更具特色，增加了多种口味，吃时面条筋道，酱汁香浓，色泽油润，诱人食欲。

日式乌冬面

乌冬面的口感介于中式切面与米粉之间，口感较软。它有冷、热两种吃法，凉乌冬拌浓料吃，热乌冬就要靠汤底了。吃乌冬面实际上是有讲究的，要在上桌后 2~3 分钟时进食，这时乌冬面已经吸收了汤的味道，韧性却还没有消失。

刀削面

刀削面以山西刀削面最为著名，其调料也是多种多样，有番茄酱、肉炸酱、羊肉汤、金针木耳鸡蛋打卤等，并配上应时鲜菜，如黄瓜丝、韭菜花、绿豆芽、煮黄豆、青蒜末、辣椒面等，再滴上点老陈醋，十分可口。一般地说，刀削面可以用各种浇头做卤，以汤汁比较多的卤较为合适。

意大利细面

偏细的意大利面，与冷酱汁或是罗勒酱等以橄榄油为基底的酱汁搭配非常合适。

意大利直面

直面是适合各种做法的意大利面条。

蝴蝶面

呈蝴蝶结状的短面，中心部分较厚，在煮的时候要注意中心部分是否熟透。

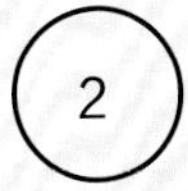

西方面条

意大利面，又称意粉，通体黄色、硬度高，久煮不烂，所以给外行人以“夹生”的感觉。意面的世界就像是千变万化的万花筒，种类据说至少有500种，再配上酱汁的组合变化，可做出上千种的意大利面料理。

贝壳面

贝壳状的短面，不只可以拿来与酱汁调和，有时也可以放在汤里，或是拌入沙拉中。

螺旋面

呈螺旋状的短面，螺旋间常夹带着酱汁，很适合番茄或香草类的酱汁。

车轮面

车轮状的短面，因表面积较大，可黏附更多酱汁，还有不同口味可供选择，如菠菜味。

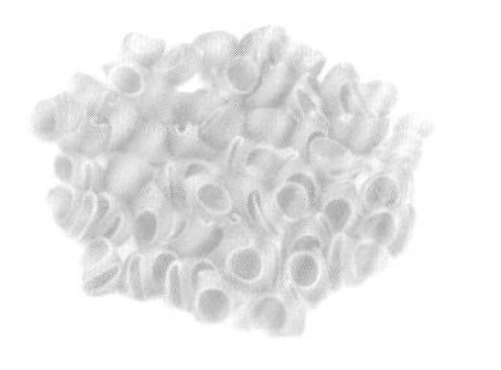

蜗牛面

蜗牛壳状的短面，酱汁容易填入中央空洞的部分，因此适合与浓厚的酱汁搭配。

笔管面

切口如笔尖般斜尖的管状面，面体表面有直条纹的则称为直纹笔管面。

挂面

用慢火煮，使热量随着水分由外到内逐层进去，这样煮出来的挂面口感才好。

四川冷面

材料：

挂面200克
火腿50克
黄瓜50克
水发木耳50克
胡萝卜50克
青椒适量
葱花少许

调料：

香油2毫升
盐2克
鸡精、辣椒油各适量

做法：

1. 锅内注水烧开，放入挂面煮熟。
2. 捞出挂面过凉水，拌入少许香油。
3. 将青椒、火腿、黄瓜、水发木耳分别洗净切丝，胡萝卜去皮洗净切丝。
4. 将切好丝的食材放入锅中焯水。
5. 将焯好水的食材摆在面条上。
6. 将盐、鸡精、辣椒油搅匀成汁，将味汁淋在面上，撒上葱花即可。

鸡蛋

顺着一个方向搅打，至鸡蛋呈现白色泡沫状，再加点绍酒搅匀，味道更佳。

翡翠剔尖山西面食

材料：

袋装菠菜面1袋
鸡蛋1个
番茄1个

调料：

盐3克
食用油适量

做法：

1. 将袋装菠菜面取出放入沸水中煮熟，捞出、沥干，装碗，待用。
2. 番茄切小块；鸡蛋打匀；炒锅注油烧热，倒入蛋液炒至刚刚熟软，盛出。
3. 锅中继续注油烧热，倒入番茄块翻炒至变软，再加入炒好的鸡蛋。
4. 加入盐，翻炒入味，盛出浇到面上即可。

鸡蛋

蛋花倒入锅中就关火，以免煮老。

三鲜猫耳朵面

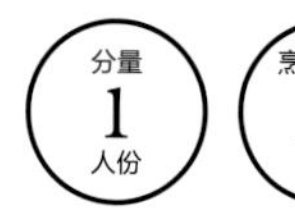
分量
1
人份

烹饪时间
15
分钟

材料：

猫耳朵面150克
西红柿1个
青豆粒50克
玉米粒50克
鸡蛋1个
高汤500毫升

调料：

食盐2克
鸡精1克
植物油10毫升
水淀粉适量

做法：

1. 将猫耳朵面在锅中用沸水煮熟，捞出后过凉水备用。
2. 等水开时，将西红柿切丁，玉米粒和青豆粒洗净晾干，鸡蛋打散。
3. 锅内加入少量植物油，将西红柿炒烂后，加入高汤，烧开后加入青豆粒和玉米粒，小火煮5~8分钟。
4. 加入猫耳朵面，开锅后用盐和鸡精调味，出锅前用水淀粉勾芡，将打散的蛋花倒入即可。

猪肉

猪肉末下锅前可放碗中加盐顺时针搅拌一下，这样可以让猪肉更有嚼劲。

龙须拉面

材料：

细拉面300克
猪肉馅30克
番茄1个
生姜少许
大蒜、油菜各适量

调料：

盐2克
山西陈醋、老抽、料酒、食用油各适量

做法：

1. 番茄切小块；姜和蒜洗净切末；油菜择洗干净，撕开。
2. 沸水锅中加入细拉面煮至熟软，捞出，装碗，待用。
3. 锅中倒油烧热，加入猪肉馅炒匀，放入姜末、蒜末，加入1小碗清水，淋入料酒，放入番茄。
4. 煮至软烂，下入油菜煮片刻。
5. 加入老抽、盐、陈醋拌匀，即成酱料，盛出倒在拉面上，摆好即可。

豆角焖面

分量 2 人份　烹饪时间 17 分钟

材料：

宽面条200克
豆角100克
红椒、蒜泥各适量
香菜末少许

调料：

盐2克
生抽、花椒油、陈醋、芝麻油、食用油各适量

做法：

1. 豆角洗净去筋，切成小段；红椒洗净，切成丝。
2. 热锅注入适量花椒油，烧热，盛出装碗。
3. 碗中加入生抽、陈醋、芝麻油，倒入香菜末、蒜泥，搅匀成调味汁。
4. 锅中注油烧热，放入豆角、红椒丝，炒至豆角变绿，调入生抽、盐，淋入适量清水。
5. 锅中下入面条抖散，铺在豆角上，盖上盖，焖3分钟。
6. 加少量清水再焖制3分钟至熟，盛出，装入碗中，淋上调味汁，放上香菜末即可。

豆角

不易熟，可以适当延长焖制的时间，以免引起消化不良的反应。

南炒面

材料：

市售面条300克
青椒、红椒、洋葱各25克
猪里脊肉50克
蒜适量

调料：

盐3克
料酒、生抽各适量
食用油少许

做法：

1. 青椒、红椒洗净，洋葱洗净切丝，蒜洗净切末。
2. 猪里脊肉洗净切丝，装碗，加入1克盐、生抽、料酒，拌匀，腌至入味。
3. 锅中注油烧至七成热，下入面条炸至呈金黄色时捞出，即成南炒面坯料；南炒面坯料蘸一下水，入蒸笼略蒸至变软，取出。
4. 炒锅注油烧热，爆香蒜末，放入青椒、红椒、洋葱炒匀，加入猪里脊肉炒至变色，倒入面条翻炒匀，调入2克盐、生抽，盛出即可。

牛腩

切牛腩时应横切，将长纤维切断，更易入味。

清炖牛腩面

材料:

面条200克
牛腩250克
白萝卜100克
香菜、姜各适量

调料:

盐少许
胡椒粉、清汤各适量

做法:

1. 将白萝卜洗净、切滚刀块，姜切丝。
2. 将牛腩切块、焯水。
3. 将牛腩块、白萝卜块放入锅中。
4. 加入清汤，炖煮约40分钟。
5. 锅内注水烧沸，放入面条煮熟，将面条捞入碗中。
6. 倒入炖好的材料，加香菜、姜丝、盐、胡椒粉，拌匀即可。

牛腩

一定要挑炖烂的牛腩，吃起来不塞牙。

牛肉刀削面

材料:

市售刀削面1袋
卤牛腩200克
葱段15克
红辣椒5克
香菜、蒜、八角各适量
葱花少许

调料:

盐2克
老抽3毫升
料酒、番茄酱各适量
食用油少许

做法:

1. 将卤牛腩切成小块，待用；红辣椒洗净切碎；蒜洗净切末。
2. 将面放入沸水中煮熟，捞出，过凉水，装碗待用。
3. 炒锅注油烧热，放入蒜末、葱花、八角、红椒碎，大火爆香，放入牛腩块翻炒均匀。
4. 倒入适量料酒、老抽炒至变色，加入适量番茄酱、盐翻炒入味，注水，煮至汤汁沸腾。
5. 放入葱段煮一会儿，盛出煮好的汤汁，浇在装有刀削面的碗中，再撒上香菜即可。

意式鸡油菌炒面

材料:

意大利面200克
鸡油菌100克
蒜末25克
罗勒叶少许

调料:

橄榄油20毫升
盐3克
黑胡椒粒4克

做法:

1. 在烧热的锅中注入清水，加1克盐。
2. 将意大利面放入有清水的锅中煮10分钟至熟，捞出用凉水浸泡，备用。
3. 将鸡油菌洗净，沥干水分，备用。
4. 在烧热的锅中倒入橄榄油，放入蒜末炒香，放入鸡油菌，加2克盐翻炒片刻。
5. 将意面从冷水中捞出放入锅中，加入黑胡椒粒，炒匀后放入罗勒叶盛出装盘即可。

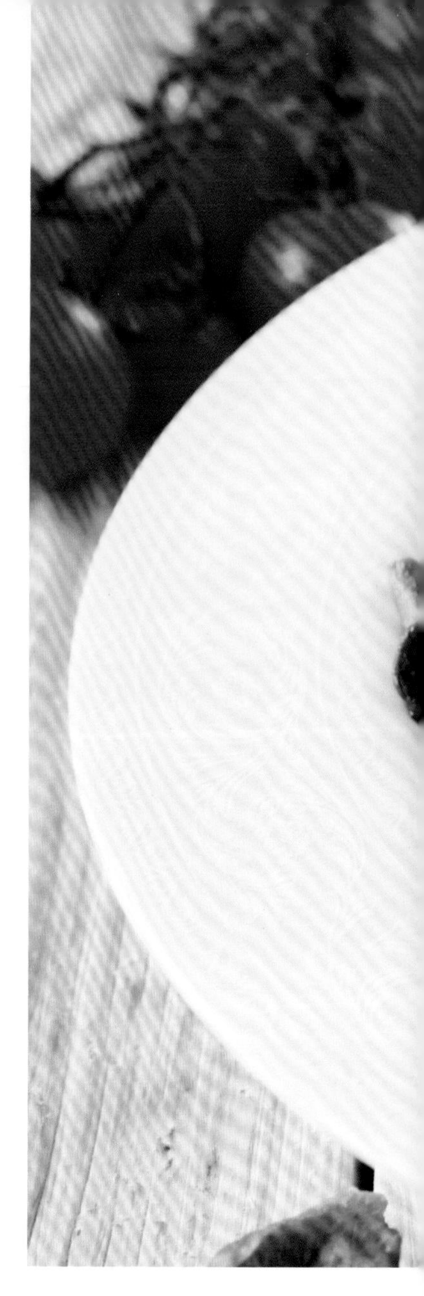

意大利面

要多用一些水煮制，待水沸腾后再加盐。

芦笋

挑长度为20厘米左右为宜，又嫩又好吃。

鲜虾干贝面

材料：

熟长意面150克
鲜虾2只
干贝1小把
芦笋2根
欧芹末少许
蒜末、洋葱末各适量
高汤200毫升

调料：

盐1/4小匙
红酱150克
橄榄油2大匙

做法：

1. 鲜虾洗净，去头尾和虾壳；芦笋洗净切段。
2. 平底锅中注入橄榄油烧热，加入蒜末、洋葱末炒香。
3. 加入干贝、鲜虾、芦笋、高汤略煮。
4. 加入红酱、盐、 熟长意面炒2分钟，撒上欧芹末点缀即可。

蛤蜊

买回来后，放入有盐的温水中，让其吐沙。

蛤蜊白酱意面

材料：

熟长意面80克
蛤蜊10只
洋葱1/4个

调料：

橄榄油1小匙
黑胡椒粒少许
奶油白酱100克
白酒1大匙

做法：

1. 洗净的洋葱切片，待用。
2. 锅中注入橄榄油烧热，放入洋葱片炒香。
3. 加入奶油白酱、白酒、黑胡椒粒和处理干净的蛤蜊，煮至蛤蜊开口，关火。
4. 放入熟长意面，拌匀即可。

洋葱

准备好一盆热水，把切成两半的洋葱放在热水中浸泡4分钟左右，可防流泪。

和风鸡肉焗面

材料：

鸡腿肉100克
白洋葱30克
意面80克
马苏里拉芝士60克
葱花、姜末各少许

调料：

生抽5毫升
味淋8毫升
盐3克
白砂糖2克
食用油适量

做法：

1. 鸡腿肉切成小块；洋葱切成丝；生抽、味淋、白砂糖、盐倒入碗中拌成调味汁。
2. 热水锅，放入盐、意面，大火煮6分钟至熟软。
3. 炒锅注油烧热，倒入洋葱，翻炒至半透明，加入鸡肉，翻炒至变色后倒入调味汁，拌匀炖煮至鸡肉熟，放入意面，拌匀煮6分钟，盛出装入焗盘中。
4. 焗盘放入预热好的烤箱内，上下火 180℃烤制10分钟即可。

芦笋生火腿意大利面

材料：

方火腿80克，芦笋50克，意大利面160克，薄荷叶15克，蒜瓣8克

调料：

盐2克，黑胡椒3克，椰子油10毫升

做法：

1. 将方火腿切薄片，芦笋去皮切小段，蒜瓣切片，薄荷叶撕散，待用。
2. 热水锅，倒入意大利面，大火煮20分钟至熟，转小火，将面汤盛出两大勺，装碗，再将芦笋倒入意大利面中，续煮1分钟，捞出，沥干。
3. 锅中加椰子油烧热，放入蒜片爆香，加入火腿片，倒入煮好的食材和面汤，煮沸，加盐、黑胡椒、薄荷叶，拌匀，盛盘即可。

芝麻乌冬面

材料：

乌冬面200克，黄瓜、方火腿各100克，番茄60克，柠檬片8克，高汤50毫升，香菜、白芝麻各少许

调料：

陈醋3毫升，椰子油8毫升，辣椒粉少许

做法：

1. 黄瓜、火腿切丝；番茄去蒂，切瓣；柠檬片对半切开。
2. 热水锅，倒入乌冬面，煮至断生，捞出，冷水泡一会儿，捞出沥干；取碗，放入椰子油、白芝麻、陈醋，再加入高汤、清水，放入辣椒粉，拌匀，待用。
3. 另取一碗，将乌冬面放入碗中，将黄瓜、火腿丝、番茄、柠檬片依次摆放在碗的周围，再浇上拌匀的汤料，撒上香菜即可。

鱿鱼

水开后鱿鱼下锅烫一下就捞出来冲冷水，这时鱿鱼已是4分熟，煮太久会咬不动。

海鲜芝士焗面

材料：

鱿鱼60克
虾仁30克
细意面80克
芦笋40克
马苏里拉芝士50克
蒜末、白葡萄酒各适量

调料：

盐、橄榄油各适量

做法：

1. 芦笋斜刀切成段；鱿鱼打上麦穗花刀，切成小块。
2. 锅中注水烧开，倒入鱿鱼、虾仁，汆煮片刻，捞出过凉水，再倒入芦笋，汆烫后捞出。
3. 热水锅，放入少许盐，下入意面，煮4分钟。
4. 热油锅，倒入蒜末炒香，放入上述食材，翻炒匀。
5. 倒入白葡萄酒，翻炒去除酒精的苦味，加入盐炒匀。
6. 放入意面，翻炒匀，再盛出装入容器内，撒上芝士碎，放入预热好的烤箱内，以180℃烤10分钟。

可事先用开水浸泡片刻，味道会更好。

亚洲风味咖喱乌冬面

材料：

基围虾80克
乌冬面200克
胡萝卜、椰奶、青椒、腊肉、高汤、朝天椒圈、姜丝、香菜碎各适量

调料：

椰子油15毫升
盐、胡椒粉各4克
鱼酱10克
食用油、咖喱粉、柠檬汁各适量

做法：

1. 洗净的基围虾切去虾头，剥去壳；洗净的青椒去柄，切丝；洗净去皮的胡萝卜切丝；腊肉切丝。
2. 热油锅，放入腊肉丝、胡萝卜丝、基围虾、青椒丝，加入盐、胡椒粉各2克，翻炒匀，盛入碗中，待用。
3. 热锅倒入椰子油烧热，放入朝天椒圈，注入清水，倒入椰奶、咖喱粉，加入高汤，再放入鱼酱、2克盐、2克胡椒粉拌匀，煮沸。
4. 放入刚刚炒好的虾，倒入乌冬面，搅拌片刻，再挤上柠檬汁，再次煮沸，盛入碗中，撒上姜丝、香菜碎即可。

制作三明治的常用面包及芝士

1 常用来制作三明治的 6 种面包

白吐司

市面上的半条吐司可切成8~10片薄片或4~6片厚片。如果馅料少可选用薄片吐司；如果馅料丰富且重口，就可以选择厚片吐司。

全麦吐司

全麦吐司是用没有去掉麸皮和麦胚的全麦面粉制作的面包。全麦吐司的含水量比白吐司低，烘烤出来的口感会更酥脆，但也更容易烤焦，在操作上要多加注意。

牛角面包

松软可口、奶香浓郁的法国牛角面包可谓是甜品爱好者的最爱，因其形状如牛角而得名，用来制作三明治时，从侧边剖开，再依自己的口味，夹上各种馅料。

长法棍

长法棍表皮松脆，内里柔软而稍具韧性，越嚼越香，也是欧洲人的主食之一。因长法棍是长形面包，所以在使用时，可以用斜切的方式来增加面包的面积，非常适合用于制作派对三明治。

汉堡包

最早的汉堡包主要是由2片小圆面包夹1块牛肉肉饼组成的。现代的汉堡包中除夹传统的牛肉饼外，还在圆面包的第二层涂上黄油、芥末、番茄酱、沙拉酱等，再夹入番茄片、洋葱、生菜等食材，这样就可以同时吃到主副食。

拖鞋面包

拖鞋面包的表面有脆皮，里面却湿润，有嚼劲。拖鞋面包适合整个拿来直接制作三明治，只要中间对半切开，放入馅料即可。

常用来搭配三明治的 8 种芝士

奶油芝士

柔软湿润，呈膏状，有点像固体酸奶，涂在面包上吃很合适，但因为它属于新鲜芝士，所以保质期短，开封后要尽早食用。

山羊芝士

体积小巧，形状多样，味道略酸，气味浓烈，口感清爽。

马苏里拉芝士

淡黄偏白，有一层很薄的光亮外壳，未熟时质地柔顺有弹性，容易切片。

帕玛森芝士

有浓郁的水果香，食用时需要用刨丝器来对付它任性的脾气，刨碎了吃有咸咸的奶鲜味。

马斯卡彭芝士

原产于意大利的一种新鲜芝士，烘烤过后，能产生浓郁的奶香味，并增加浓稠的口感。

切达芝士

质地较软，颜色从白色到浅黄色不等，味道也因储藏时间长短而有所不同，易被熔化，可以作为调料使用。

蓝纹芝士

绿霉菌的繁殖使奶酪形成了蓝色花纹，风味辛辣，搭配坚果和水果的三明治味道相当好。

烟熏芝士

是带有浓厚烟熏味的半熟芝士。但是要注意：烟熏芝士本身已经有咸度，搭配其他食材，要酌量减少盐分。

牛油果

一定要选择熟透了的，不然味道会非常苦涩。

牛油果坚果三明治

分量 1 人份　烹饪时间 10 分钟

材料:

牛油果200克
吐司2片
黑芝麻、腰果各适量

调料:

盐、黑胡椒各少许

1. 牛油果去核去皮，将果肉倒入搅拌机中打成果泥，装在碗中。
2. 将盐、黑胡椒加入果泥内，充分搅拌均匀。
3. 将果泥涂抹在吐司上，撒上黑芝麻，摆上腰果。
4. 将吐司放入预热好的烤箱内，以上下火 190℃烤制10分钟即可。

洋葱

新鲜的洋葱水分较多，加盐腌渍可将洋葱中多余的水分滤出，吃起来更脆口。

多彩烤蔬菜三明治

材料：

法棍面包半条
茄子半根
西葫芦、番茄、洋葱、生菜各适量

调料：

黄油10克
黄芥末酱5克
蛋黄酱5克
盐、胡椒粉各少许
橄榄油适量

做法：

1. 将茄子、西葫芦、番茄、洋葱洗净，切片，装碗。
2. 往装有蔬菜片的碗里加入盐、胡椒粉，腌渍片刻。
3. 法棍面包从侧边切开，内里抹上黄油，放入烤箱，以上下火220℃烘烤1分钟至微黄。
4. 平底锅烧热，倒入橄榄油，依次放入腌好的蔬菜片，煎至食材熟透后盛出装碗。
5. 从烤箱中取出法棍，依次涂抹蛋黄酱、黄芥末酱。
6. 将蔬菜片塞入法棍里，放在铺有生菜的器具上即可。

咖喱圆白菜三明治

材料:

白吐司4片
洗净的圆白菜3大片

调料:

比萨芝士2片
咖喱适量
橄榄油适量

做法:

1. 圆白菜切小片。
2. 平底锅中倒入橄榄油烧热，放入圆白菜，翻炒片刻，再放入咖喱炒匀，放入少许水，大火炒至收汁，盛到碗中备用。
3. 将1片吐司放在砧板上，放上炒好的圆白菜，再铺上比萨芝士，然后盖上另1片吐司，依此方法完成剩下的2片吐司。
4. 将夹好的吐司放入铺有锡纸的烤盘中，放入烤箱，以上下火180℃，烤至芝士熔化即可。

圆白菜

烹饪时间不宜过长，否则会减少其营养价值。

生菜

用淘米水浸泡一会儿，取出用清水洗净，就可以直接生吃了。

热力三明治

材料：

火腿40克
生菜20克
吐司2片

调料：

黄油20克
马苏里拉芝士2片

做法：

1. 火腿切片，待用；洗净的生菜切段，待用；将吐司四周修整齐，待用。
2. 热锅中放入黄油至其熔化，再将两片吐司放在锅中略微煎香，然后放上火腿片和2片马苏里拉芝士，再放入火腿片、生菜叶。
3. 将2片三明治对叠起来，煎至表面金黄色，盛出，沿对角线切开即可。

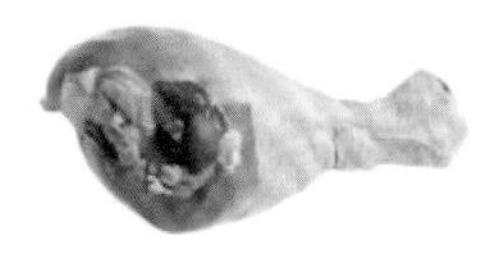

鸡腿肉

将带皮部分朝下放入烤箱，这样烤出来的鸡腿肉更香。

美式小酒馆三明治

材料:

白吐司2片
鸡腿肉2片
培根2片
鸡蛋2个
番茄半个
生菜2片

调料:

盐少许
黑胡椒粉适量
辣酱小半匙
蛋黄酱2小匙

做法:

1. 鸡腿肉切开口，撒上盐、黑胡椒粉腌至入味；将吐司放入烤箱中，烤至微热后取出。
2. 加热平底锅，将培根煎出油后盛出，油留在锅底。
3. 将打好的鸡蛋液倒入平底锅中，煎成蛋卷，盛出。
4. 鸡皮朝下放入平底锅中，煎至鸡皮变成金黄色时翻面，另一面再煎1分钟后盛出，切成条状。
5. 将番茄切片；在2片吐司上涂抹辣酱和蛋黄酱。
6. 取1片吐司，放上上述食材，再盖上另1片吐司，沿对角线切开即可。

黄瓜

夏天吃的话可以多放些黄瓜，清爽又解暑。

全麦吐司三明治

材料：

全麦吐司2片
生菜1片
鸡蛋1个
黄瓜4片
红椒圈少许

调料：

芝士1片
沙拉酱少许
色拉油、黄油各适量

做法：

1. 煎锅中倒入少许色拉油，打入鸡蛋，煎至成形，翻面，煎至熟透后盛出。
2. 煎锅烧热，放入吐司片，加入少许黄油，煎至两面金黄色后盛出。
3. 将材料摆放在白纸上，分别在2片吐司上刷一层沙拉酱。
4. 在其中1片吐司上放上芝士片、净生菜叶，刷上沙拉酱，放上荷包蛋、红椒圈、黄瓜片，盖上另1片吐司，沿对角线切开即可。

蔬菜烘蛋三明治

材料：

全麦吐司3片
鸡蛋2个
洋葱丝10克
胡萝卜丝10克
圆白菜丝10克
葱段5克
生菜叶2片
番茄片3片

调料：

奶油2小匙
番茄酱2小匙
胡椒粉、盐各少许
食用油适量

做法：

1. 鸡蛋打散，加入胡椒粉和盐拌匀。
2. 锅中倒入油烧热，放入洋葱丝、胡萝卜丝、圆白菜丝和葱段，小火炒出香味。
3. 再倒入鸡蛋摊平，改中火烘至蛋液熟透，盛出，切成4片。
4. 将每片全麦吐司单面抹上奶油，放入烤箱中，以上下火180℃烤约2分钟。
5. 取1片吐司为底，依序放入生菜叶、番茄片，再盖上另1片全麦吐司，放上切好的鸡蛋片，并淋上番茄酱，再放上1片全麦吐司压紧，对角切开即可。

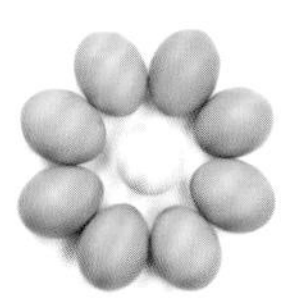

鸡蛋

加入少量的白醋，可以减少鸡蛋的腥味。

甜玉米

如果用罐头玉米，一定要沥干玉米的水分，不然吐司会吸收掉这些水分，影响味道。

玉米三明治

材料：

甜玉米粒30克
去边白吐司3片
罐头金枪鱼150克
小黄瓜丝20克
紫洋葱片100克

调料：

美乃滋（Mayonnaise）1大匙
芝士丝100克

做法：

1. 将金枪鱼从罐头中取出、沥干。
2. 再往金枪鱼中加入洗净的甜玉米粒和1/2大匙的美乃滋拌匀，备用。
3. 所有吐司均单面撒上芝士丝，放入烤箱内以上下火200℃烤约5分钟至金黄色后取出，另一面涂上1/2大匙美乃滋。
4. 取1片吐司，依序摆上小黄瓜丝、紫洋葱片，放1片吐司，涂上金枪鱼玉米粒酱，再放1片吐司，然后沿对角线切开即可。

西葫芦

西葫芦切丁后可以撒一些盐，把多余的水分去除。

西葫芦干酪三明治

材料：

杂粮吐司2片
苦苣适量
番茄半个
西葫芦200克
小葱2根
面粉60克
鸡蛋1个
牛奶60毫升

调料：

帕玛森芝士40克
橄榄油适量
盐、胡椒粉各少许

做法：

1. 将鸡蛋打散成蛋液；小葱切碎；番茄切片。
2. 西葫芦洗净后切小丁，装碗，再加入面粉、鸡蛋液、牛奶、小葱碎，一起搅拌，然后调入适量盐和胡椒粉，搅拌均匀。
3. 锅中倒入适量橄榄油，烧至中温，倒入西葫芦面糊，压成圆饼状，每面煎2分钟，直到金黄并熟透，放在吸油纸上吸干多余油分。
4. 在1片吐司上放上西葫芦饼，再放上帕玛森芝士、苦苣、番茄，盖上另1片吐司，对角切开即可。

柳橙

好的橙子弹性很好，不要选择太软或者太硬的橙子，太软、太硬都不佳。

柳橙牛肉三明治

材料：

法式面包1块
橙子半个
番茄1个
牛肉片100克
生菜2片

调料：

盐、黑胡椒碎各少许
橄榄油适量

做法：

1. 生菜洗净，沥干水分；番茄洗净，切片；橙子洗净去皮，切厚片。
2. 平底锅内放入适量橄榄油，再放入牛肉片，煎至变色后，放入少许盐、黑胡椒碎调味。
3. 平底锅洗净，在火上烧干锅内水分，将面包一切两片，放入锅内，直至烤出炙纹后，盛出。
4. 取1片面包放上生菜、牛肉片、番茄、橙子，最后再盖上另1片面包即可。

照烧肉三明治

分量 2 人份　烹饪时间 8 分钟

材料：

白吐司3片
猪肉片150克
洋葱丝10克
葱段5克
红甜椒丝10克
生菜10克
苹果半个
鸡蛋1个

调料：

日式酱油1/2大匙
干淀粉1/2大匙
黑胡椒粉1/4小匙
白糖、盐各少许

做法：

1. 猪肉片加入酱油、白糖、黑胡椒粉、打散的鸡蛋液、干淀粉，拌匀，备用。
2. 锅烧热后，加入猪肉片以小火炒匀，再加入洋葱丝、葱段，炒软后盛出，备用。
3. 苹果切片，放入加有盐的清水中浸泡，备用。
4. 取1片吐司，依序叠上生菜、炒好的猪肉片、1片吐司、苹果片、红甜椒丝、生菜、1片吐司，最后沿对角线切开即可。

苹果

苹果切片后泡一下盐水，可防止氧化变黑。

虾仁牛油果三明治

材料：

山形吐司2片
大虾6个
牛油果半个
洗净的生菜2片

调料：

白酒1大匙
奶油2大匙
盐、黑胡椒碎、橄榄油各适量

1. 剥掉虾壳，去虾线，洗净，沥干水分。
2. 打开烤箱，将温度调至上下火180℃，将吐司放入铺有锡纸的烤盘中，烤约2分钟。
3. 锅中倒入橄榄油烧热，放入虾，炒至变色时倒入白酒，撒上盐、黑胡椒碎，炒匀后盛出。
4. 挖出牛油果的果肉，装入碗中，再加入奶油、盐、黑胡椒碎，搅成泥。
5. 取出1片吐司，涂上牛油果泥，铺上炒好的虾仁，再夹上生菜，盖上另1片吐司，横着对半切开即可。

金枪鱼石榴三明治

材料:

法棍1段
金枪鱼罐头1罐
洋葱圈适量
石榴籽、莳萝草碎各少许
生菜1片

调料:

沙拉酱、芥末各少许

做法:

1. 将法棍从侧边切开；生菜洗净。
2. 打开金枪鱼罐头，捞出鱼肉，沥干水分。
3. 将金枪鱼肉装碗，再加入石榴籽、洋葱圈、沙拉酱、芥末，拌匀。
4. 在面包中放入生菜，再将拌好的金枪鱼夹入法棍中，最后撒上莳萝草碎即可。

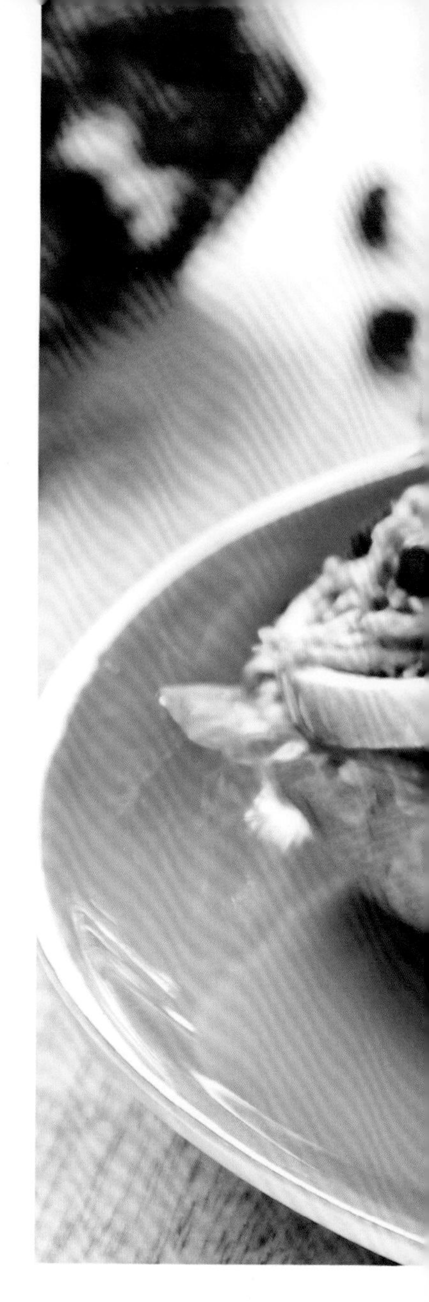

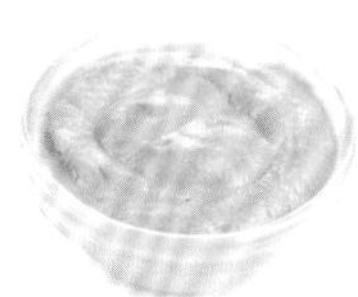

芥末

不仅可以给人以味觉上的刺激，

还能去除金枪鱼自身的腥味。

番茄牛油果金枪鱼三明治

材料：

白吐司2片
金枪鱼罐头60克
番茄半个
牛油果半个

调料：

柠檬汁2小匙
黄油、黑胡椒碎各适量

做法：

1. 番茄切片，牛油果去皮后切片，装碗。
2. 2片吐司均单面涂抹上黄油，放入烤箱中，以上下火180℃烤2分钟后取出。
3. 2片吐司中依序夹入番茄、牛油果、金枪鱼肉。
4. 再加入少许黑胡椒碎，最后根据个人喜好淋上一些柠檬汁即可。

牛油果

去皮切片后，以免氧化，可泡入加有柠檬汁的水中。

金枪鱼吐司

金枪鱼罐头1罐
吐司2片
圣女果、葱末、洋葱碎各适量

调料：

黄油5克
胡椒粉少许

做法：

1. 圣女果切片，待用。
2. 吐司抹上黄油放入面包机烤1分钟。
3. 打开金枪鱼罐头，捞出鱼肉，沥干水分。
4. 取出烤好的吐司，放在干净的盘子上，先铺一层沥干水的金枪鱼，然后撒上适量的葱末、洋葱碎，再铺上圣女果，最后撒上胡椒粉即可。

制作沙拉的几个小窍门

蔬果颜色应多样

一份好吃的食物，需要色、香、味三者俱全。色字为首，是因为只有这份食物先让我们产生视觉享受，才能激发我们的食欲。所以，当我们在制作沙拉的时候，可以挑选多种色彩的蔬果，在满足我们视觉的同时，又能够补充不同的营养。

水果成熟度应一致

在制作水果沙拉的时候，如果有的水果因为成熟过头而变得十分软，有的却因为青涩而有些坚硬，这会大大降低我们的用餐体验。因此，我们在购买水果的时候，最好能够挑选成熟度比较一致的水果。

未熟透水果的处理

我们难免会买到一些没有熟透的水果，这样的水果吃起来会比较硬，又不够甜。因此，可预先在这些水果上撒一些白糖，令白糖完全熔化，不仅可使水果稍变软，还能使其变得更甜。

蔬菜先用冰水浸泡

由于蔬菜一般会放在冰箱冷藏室中储存，可能会流失一些水分，所以应先将蔬菜放在冰水中浸泡，让失去的水分可以恢复。这样处理过的蔬菜颜色比较翠绿，吃起来也会因蔬菜纤维内充满水分而觉口感清甜爽脆。

部分食材去皮后要泡柠檬冰水

由于苹果这类食材在削皮之后会快速氧化变黑，所以要准备一盆柠檬冰水（柠檬汁适量即可），将处理好的食材泡入冰水中，这样能避免食材氧化。

加工食材刀工要一致

将食材切成一致的形状，不仅能够让沙拉看起来美观，而且吃起来的口感也会比较一致，并且方便入口。所以在制作一份沙拉的时候，可以将食材切成相同的形状，如条、丁、片等。

沙拉酱的加入时机

沙拉菜品现做现吃，上桌时再将酱汁拌匀才能保证良好的口感和外观。如果过早加入，会使食材中的水分析出，从而导致沙拉的口感变差。

搅拌用具及盛器应慎选

由于大部分的沙拉酱汁都含有醋的成分，所以千万不能选用铝质的器具，因为醋汁的酸性会腐蚀金属器皿，释放出的化学物质会破坏沙拉的原味，对人体也有害。搅拌用的叉匙也最好使用木质的，其次是玻璃、陶瓷材质的器具。

橄榄油的添加有讲究

沙拉菜品现做现吃，上桌时再将酱汁加入，凡需要添加橄榄油的沙拉酱，一定要分次加入橄榄油，并且要慢慢拌匀至呈现乳状，才不会出现不融合的情况。如已出现分离，则只能加强搅拌使之重新融合。

醋汁蔬菜沙拉

材料：

柠檬1个
圣女果30克
菜花、西蓝花各50克
西葫芦40克
香蕉1根

调料：

橙皮酱
盐少许

做法：

1. 圣女果对半切开。
2. 柠檬切成小瓣，放入沸水中。
3. 沸水中放入切成小朵的菜花、西蓝花焯熟。
4. 将焯熟的菜花、西蓝花捞出沥干，凉凉。
5. 西葫芦加少许盐，腌渍片刻。
6. 香蕉去皮，切片，放入菜花、西蓝花、西葫芦、圣女果中，食用时淋入橙皮酱，拌匀即可。

西蓝花

焯水时放些盐和油，盐会迫使叶绿素充分释放，油会使菜变亮和减少营养流失。

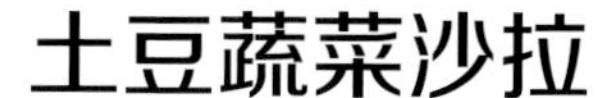

土豆蔬菜沙拉

材料：

土豆200克，鸡蛋80克，黄瓜145克

调料：

蛋黄酱

烹饪时间 5 分钟

做法：

1. 洗净的土豆蒸熟。
2. 鸡蛋放入沸水锅中，煮熟后取出放入冷水中浸泡。将鸡蛋捞出，去壳，切成小丁。
3. 蒸熟的土豆去皮，压成土豆泥。
4. 洗净的黄瓜切成小丁，装入碗中。
5. 再加入土豆泥、鸡蛋、黄瓜、蛋黄酱，搅匀即可。

玉米青豆沙拉

材料：

圣女果30克，玉米50克，青豆10克，盐少许

调料：

蛋黄酱

烹饪时间 3 分钟

做法：

1. 将圣女果洗净，对半切开，备用。
2. 玉米切成小块。
3. 沸水中加入少许盐，放入玉米、青豆焯熟，捞出，沥干水分。
4. 将所有食材放入碗中，食用时拌入蛋黄酱即可。

燕麦沙拉

分量 1 人份

烹饪时间 3 分钟

材料:

燕麦50克，樱桃萝卜20克，烤面包50克，香菜5克

调料:

酸奶酱

做法:

1. 香菜洗净沥干，樱桃萝卜洗净切片，烤面包切块。
2. 燕麦放入锅里，炒熟。
3. 取一大碗，放入樱桃萝卜、烤面包和炒熟的燕麦。
4. 加入酸奶酱拌匀，点缀上香菜即可。

蔬菜藜麦沙拉

分量 1 人份

烹饪时间 3 分钟

材料:

熟藜麦60克，红椒30克，黄瓜50克，黑橄榄10克

调料:

沙拉酱

做法:

1. 红椒和黄瓜分别用清水洗净，切成小块。
2. 黑橄榄切成小片。
3. 藜麦洗净，焯熟，沥干水分，装入玻璃碗中。
4. 将沙拉酱淋在藜麦中，加入红椒和黄瓜，拌匀后即可食用。

圆生菜

不要用热水清洗，不然生菜质地会变软，失去它脆嫩的口感。

圆生菜鸡蛋沙拉

材料：

烤面包20克
圆生菜45克
鸡蛋1个

调料：

酸奶酱

做法：

1. 圆生菜清洗干净，沥干水分，用手撕成小片。
2. 烤面包切成小块。
3. 锅中注水，放入鸡蛋，鸡蛋煮至五成熟时熄火，取出鸡蛋，剥壳，切块备用。
4. 将圆生菜、面包、鸡蛋放入盘中。
5. 食用时拌入酸奶酱即可。

黄瓜

将黄瓜放入淡盐水中浸泡一会，可将黄瓜的涩味去掉。

鲜蔬鸡蛋沙拉

材料：

鸡蛋1个
黄瓜30克
樱桃萝卜20克
土豆50克
葱花、欧芹各少许

调料：

橙皮酱

做法：

1. 鸡蛋用沸水煮熟，剥壳，切成4小瓣。
2. 黄瓜洗净，切成片。
3. 樱桃萝卜洗净，切成片。
4. 土豆洗净，去皮，切小块，放入蒸锅中蒸熟。
5. 将食材装入碗中，撒上葱花，用少许欧芹装饰，食用时蘸取橙皮酱。

芦笋

芦笋切好后，可先用清水浸泡，以去除其苦味。

芦笋鸡蛋沙拉

材料：

鸡蛋1个
芦笋75克
面包块15克
生菜少许

调料：

日式芝士酱
盐少许

做法：

1. 鸡蛋放入锅中，煮约7分钟后取出，剥壳后对半切开，再对半切开。
2. 生菜洗净，垫入盘底。
3. 芦笋洗净，入沸水锅中，加盐，焯水至熟，捞出沥干水分。
4. 将鸡蛋、芦笋放入生菜盘中，撒上面包块，食用时放入日式芝士酱拌匀即可。

培根

煎至出油后，放在厨房用纸上吸走多余油分。

苦菊培根沙拉

苦菊50克
番茄1个
培根3片
腰果20克
洋葱10克

调料:

凯撒酱

做法:

1. 洋葱洗净，切成碎，备用。
2. 苦菊洗净，备用。
3. 培根放入热锅中，煎至出油，盛出备用。
4. 番茄洗净，切成小瓣。
5. 腰果放入烤箱中，微烤10分钟至香，取出捣碎。
6. 将所有食材放入碗中，淋入凯撒酱，拌匀即可。

豆腐

在豆腐上裹一层生粉可防止豆腐在油炸时散掉。

和风烤豆腐沙拉

材料：

豆腐150克
水芹菜40克
洋葱30克
鸡蛋1个
葱花5克
牛肉、小黄瓜、胡萝卜各50克
生粉适量

调料：

烤芝麻酱、日式酱油、胡椒粉、橄榄油各适量

做法：

1. 水芹菜、牛肉、洋葱、小黄瓜、胡萝卜洗净；豆腐切块；水芹菜去掉叶子，留梗；牛肉剁末；洋葱、小黄瓜、胡萝卜切丝；鸡蛋取蛋清。
2. 牛肉末中倒入日式酱油、胡椒粉拌匀，用豆腐块夹起，裹上生粉，再滚上蛋清。
3. 热油锅，放入豆腐块，炸至微微焦黄；将水芹菜在沸水中烫熟，捞出。
4. 把水芹菜绑在豆腐块上，点缀葱花、黄瓜丝、洋葱丝、胡萝卜丝，食用时淋上烤芝麻酱即可。

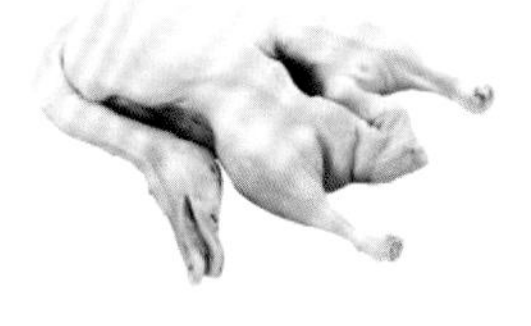

鸭肉

去皮煎制可降低其脂肪含量。

鸭胸肉核桃沙拉

材料：

鸭胸肉150克
核桃仁30克
抱子甘蓝30克
紫苏苗、橙皮末各少许
蜂蜜适量

调料：

番茄醋汁、盐、黑胡椒碎、橄榄油各适量

做法：

1. 抱子甘蓝、紫苏苗、鸭胸肉洗净，备用。
2. 把抱子甘蓝对半切开；鸭胸肉加入盐、黑胡椒碎抹匀，腌渍片刻。
3. 热锅倒入蜂蜜，炒至变色，放入核桃裹匀糖浆，撒上少许橙皮末，取出，冷却。
4. 锅内倒入橄榄油烧热，放入鸭胸肉，皮面朝下，小火煎至表皮微焦，盛出，切片；再放入抱子甘蓝，稍煎，盛出。
5. 把鸭胸肉、紫苏苗、蜂蜜、核桃仁、抱子甘蓝、橙皮末摆入盘中，淋入番茄醋汁即可。

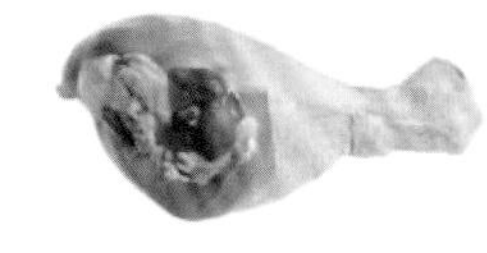

鸡腿肉

腌渍鸡腿肉时，加入少许蛋清抓匀，烹制出的鸡腿肉口感会更嫩滑。

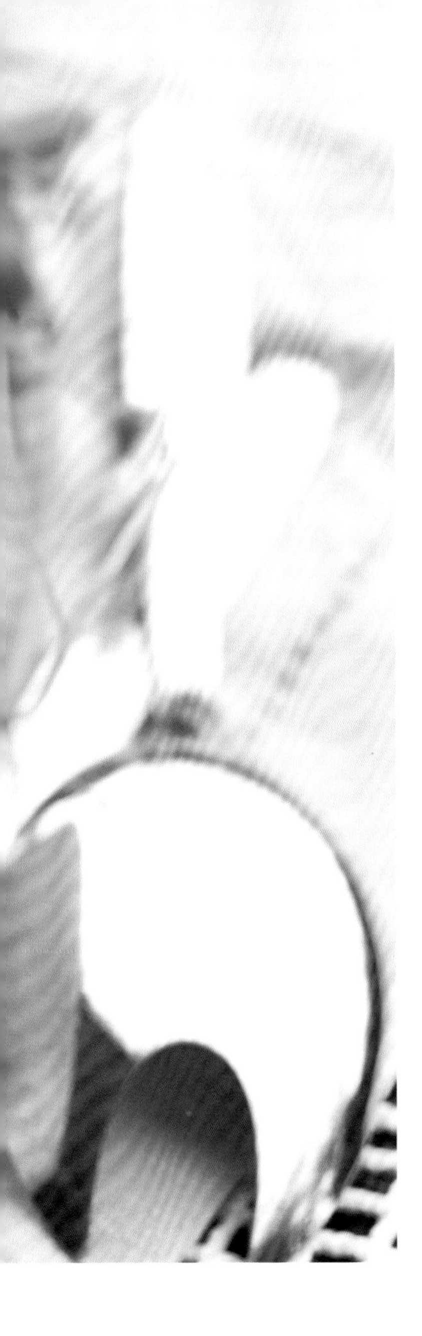

洋葱番茄鸡腿沙拉

材料：

鸡腿肉50克
洋葱20克
番茄1个
小葱1根

调料：

塔塔酱（Tartar sauce）
柠檬汁5毫升
盐、黑胡椒各2克

做法：

1. 鸡腿肉表面切花刀，撒上盐、黑胡椒腌渍片刻，备用。
2. 将腌好的鸡腿肉放入热油锅中两面煎熟，取出切成块。
3. 番茄洗净，切小块。
4. 洋葱洗净，切成圈。
5. 小葱切成葱花。
6. 将番茄、鸡腿肉、洋葱圈放入碗中，加入柠檬汁，撒上葱花，食用时蘸取塔塔酱即可。

鱿鱼

鱿鱼很容易熟，所以千万别煮太久，太久就老了，肉就很难嚼。

柠香海鲜沙拉

材料:

鲜虾、鱿鱼各80克
胡萝卜50克
荷兰豆30克
柠檬1个
玉米粒15克
姜片、葱段各少许

调料:

塔塔酱

做法:

1. 鲜虾挑去虾线；鱿鱼切花刀。
2. 胡萝卜洗净去皮，切成“花形”，放入沸水中焯熟。
3. 荷兰豆对半切开，放入沸水中焯熟，捞出沥干。
4. 一半柠檬切片，另外半个留作备用；沸水中放入葱段、姜片、柠檬片。
5. 鱿鱼、鲜虾放入沸水中，焯熟后，捞出沥干。
6. 橙子取瓣，切成小块，放入碗中，加入玉米粒，挤入柠檬汁，食用时拌入塔塔酱，搅匀即可。

鲜虾

记得挑虾线，因为虾线中含有苦味的物质，会将鲜虾清甜的味道掩盖。

鲜虾至味沙拉

材料：

鲜虾5只
圣女果20克
黄甜椒半个
黄瓜40克

调料：

塔塔酱
迷迭香少许

做法：

1. 鲜虾放入沸水中焯熟。
2. 圣女果对半切开，备用。
3. 黄瓜洗净去皮，切成丁。
4. 黄甜椒洗净，切成丁。
5. 将所有食材放入碗中，撒入迷迭香，食用时拌上塔塔酱即可。

第三章

无烟烹饪，尽享入厨之乐

凉拌菜、蒸菜、烤箱菜、汤羹，
你想吃却苦于制作复杂、耗时长的美味，
本章教你零基础使用无烟厨房烹饪，
洁净、简便、好吃又好看，
享受下厨的乐趣。

制作凉拌菜的注意事项

1 食材要新鲜

制作凉拌菜必须选用新鲜的食材，一方面是因为只有新鲜的食材才具备爽口宜人的口感，另一方面食用新鲜食材可获得良好的营养，并减少疾病的发生。即便是用熟食制作凉拌菜，也应重新加热，并适当加入蒜、醋、葱等配料来杀菌，以保证食品的卫生安全。

2 食材要干净

有些食材特别是蔬果类食材，在生长过程中受到农药、寄生虫和细菌的污染，如果没有清洗干净就制成凉拌菜食用，很可能会引发肠道疾病。清洗食材的最好方法是用流水冲洗，其沟凹处的污垢一定要抠挖干净。蔬果类食材在用流水冲洗前最好先用清水浸泡 15 ~ 30 分钟，以减少农药残留。

3 厨具要清洁

凉拌菜大多使用新鲜食材，因为不经过高温烹饪，所以一定要清洗干净。同时，在制作过程中，要特别注意刀、砧板、碗、盘、筷子等器具的清洁，使用前要清洗干净，最好经过高温消毒。

4 现做现吃不久存

凉拌菜讲究新鲜营养，不耐久存，即便是放入冰箱中冷藏，其保存时效也是有限的。室温下，熟肉类存放不宜超过 4 小时，果蔬类存放不宜超过 2 小时。若放入冰箱中，熟肉类可储存 12 ~ 24 小时，海鲜类可储存 24 ~ 36 小时，果蔬类可储存 6 ~ 12 小时。此外，与蒜蓉、香菜等原料拌在一起的凉拌菜，容易发酵产生异味，更不宜久存。因此，凉拌菜建议现做现吃。

几类不能生吃的蔬菜

我们日常食用的蔬菜种类繁多，但并非所有蔬菜都能不经过高温处理直接制作成凉拌菜。适合生吃的蔬菜有白菜、芹菜、黄瓜、西红柿、胡萝卜、甜椒等，而不能生吃的蔬菜主要有以下7种。

黑木耳

新鲜的黑木耳中含有卟啉类光感物质，生吃之后会引起日光性皮炎；如果情况严重，还会出现皮肤瘙痒、水肿和疼痛等症状。

黄花菜

黄花菜鲜花中含有秋水仙碱，在人体内会转化为二秋水仙碱而使人中毒，食用前应将鲜黄花菜进行60℃以上的高温处理，或先用凉水浸泡，吃时再用沸水焯熟，以免中毒。长时间干制也可以破坏秋水仙碱。

野菜

像马齿苋一类在田野中自然生长的野菜，必须焯一下才能彻底去除野菜上的尘土和虫卵，否则食用后会有过敏的危险。

薯类蔬菜

薯类蔬菜中含有一种有毒物质——苷类。木薯块根中的生氰苷类，在没有煮熟浸泡的情况下，是不能直接食用的，否则会发生氢氰酸中毒的情况。

豆类蔬菜

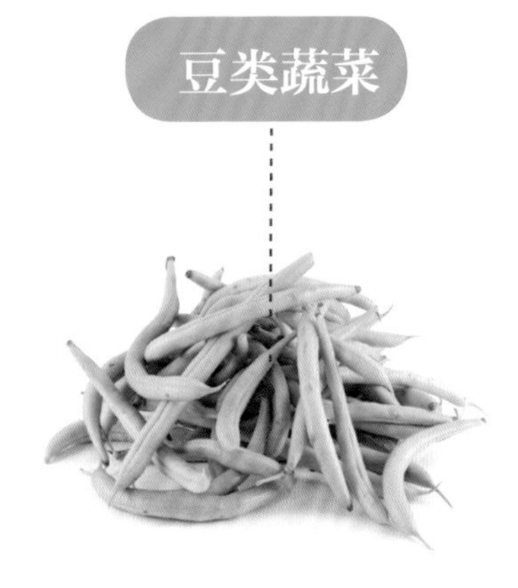

四季豆、毛豆、蚕豆等豆类蔬菜，含有血细胞凝集素，它们能使血液中的红细胞凝结，对人体有害。一旦食用了未煮熟的豆类蔬菜，就有可能发生恶心、呕吐等不良反应。

富含硝酸盐的蔬菜

硝酸盐在人体微生物的作用下，会转变成亚硝酸盐。像菠菜、芥菜等蔬菜，富含硝酸盐，在转化成亚硝酸盐后会与肠胃中的含氮化合物结合，形成强致癌物质——亚硝胺。

含草酸较多的蔬菜

草酸在人体肠胃中会与钙质结合，形成难以吸收的草酸钙，从而导致人体对钙的吸收率下降。因此，在食用菠菜、竹笋、茭白等含草酸较多的蔬菜前，必须用开水焯一下，以去除蔬菜中的大部分草酸。

空心菜

烹饪此菜时，宜大火快炒，以保证空心菜脆嫩可口。

酸辣空心菜

材料：

空心菜600克
红椒17克
蒜末少许

调料：

盐3克
鸡粉、陈醋、辣椒油、食用油各适量

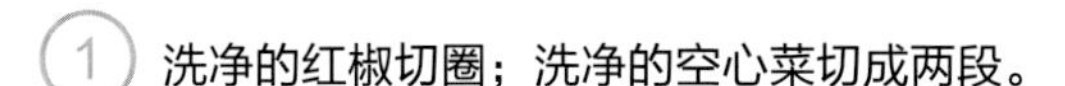

做法：

1. 洗净的红椒切圈；洗净的空心菜切成两段。
2. 锅中注水烧开，加入食用油，放入切好的空心菜煮2分钟，捞出沥干，装碗备用。
3. 用油起锅，倒入蒜末、红椒圈，炒香；加入盐、鸡粉和少许清水，拌匀煮沸；加入陈醋、辣椒油，炒成味汁。
4. 把味汁浇在空心菜上，拌至入味，装盘即成。

圣女果

可以少放些调料，以免掩盖圣女果的酸甜清爽的味道。

油醋汁素食开胃菜

材料：

生菜40克
圣女果50克
蓝莓20克
杏仁片20克

调料：

苹果醋10毫升
白糖5克
橄榄油适量

做法：

1. 洗净的圣女果对半切开；洗好的生菜切段。
2. 碗中放入生菜段、杏仁片和洗净的蓝莓，加入橄榄油、白糖、苹果醋，搅拌均匀。
3. 将拌好的食材装盘，摆上圣女果点缀即可。

老醋拌苦苣

材料：

苦苣200克
炸花生米适量

调料：

盐、味精、生抽、白糖、
陈醋、芝麻油各少许

做法：

1. 洗净的苦苣沥干备用。
2. 取一碗，放入苦苣、炸花生米，加入盐、味精、生抽、白糖。
3. 淋上陈醋、芝麻油，拌匀，装盘即成。

炸花生

花生不要炸得太久，以免影响口感。

黄瓜

腌渍后可用保鲜膜封住碗口，再将其放入冰箱冰镇片刻，吃起来会更开胃。

爽口酸辣瓜条

材料：

黄瓜150克
熟白芝麻15克
干辣椒段20克
花椒10克

调料：

盐5克
白糖2克
白醋3毫升
食用油适量

做法：

1. 洗净的黄瓜切小块，装碗，用盐拌匀，腌渍30分钟至析出水分。
2. 滤出黄瓜水，将黄瓜块装到另一个碗中，待用。
3. 用油起锅，倒入花椒、干辣椒段，爆香。
4. 盛出花椒、干辣椒段，连油一同放入装有黄瓜块的碗中。
5. 加入熟白芝麻、白糖、白醋，拌匀后即可食用。

西蓝花拌火腿

材料：

西蓝花150克
火腿肠100克

调料：

日式酱油10毫升
味淋5毫升

做法：

1. 洗好的西蓝花掰成小朵；火腿肠切斜片。
2. 水烧开，放入西蓝花焯熟，捞出沥干。
3. 将西蓝花、火腿肠一起装碗，淋入日式酱油、味淋，拌匀后盛入盘中。

西蓝花

西蓝花切好后可放入淡盐水中泡一会儿，口感更好。

凉拌猪皮

材料：

猪皮200克
香菜、葱各适量

调料：

盐2克
生抽8毫升
芝麻油、白醋各5毫升
料酒、辣椒油各少许

做法：

1. 将处理好的猪皮洗净切粗丝；洗好的香菜、葱均切成段。
2. 锅中注水烧开，加入料酒，放入切好的猪皮，汆煮5分钟至熟，捞出沥水。
3. 取一碗，放入汆熟的猪皮、香菜段、葱段，加入盐、生抽、芝麻油、白醋、辣椒油，拌匀，盛入盘中即可。

三彩牛肉

材料：

牛肉片200克
白菜50克
樱桃萝卜50克
芦笋50克
柠檬片、红椒圈各少许

调料：

橄榄油15毫升
黑胡椒粉3克
鱼露8毫升

做法：

1. 洗净的白菜切粗丝；洗净的樱桃萝卜切薄片；洗好的芦笋切斜段。
2. 锅中注水烧开，分别放入白菜、樱桃萝卜、芦笋略烫，捞出沥干。
3. 将洗好的牛肉片放入沸水锅中煮熟，捞出沥水。
4. 取一碗，放入烫过的蔬菜和煮熟的牛肉片，加入橄榄油、黑胡椒粉、鱼露，拌匀。
5. 将柠檬片放入盘中摆好，倒入拌好的材料，撒上红椒圈即成。

白菜

切均匀一些，拌制时味道才会更鲜美。

芝麻

将熟白芝麻用研钵磨碎，再拌入其中会更具风味。

日式秋葵拌肉片

材料：

猪里脊肉100克
秋葵150克
熟白芝麻少许

调料：

盐2克
日式酱油10毫升
味淋5毫升
芝麻酱、料酒各适量

做法：

1. 洗好的秋葵切去头尾，抹上盐，搓去表面的绒毛。
2. 锅中注水烧开，放入秋葵煮1分钟，捞出，放入冰水中浸泡一会儿。
3. 将洗净的猪里脊肉放入沸水锅中，淋入料酒，盖上盖，煮5分钟至熟，捞出，放凉后切成薄片。
4. 将猪肉片、秋葵一起装碗，加入日式酱油、味淋、芝麻酱，拌匀后盛盘，撒上熟白芝麻即可。

苦瓜

去瓤切片后放入冰水中浸泡一会儿，可减轻苦瓜的苦味。

苦瓜海带拌虾仁

材料:

苦瓜150克
虾仁10只
西红柿100克
海带丝适量

调料:

盐2克
白醋10毫升
白糖10克
生抽5毫升
芝麻油5毫升

做法:

1. 洗净的苦瓜去瓤，切片；西红柿去蒂，切块。
2. 锅中注水烧开，分别放入苦瓜片、海带丝和处理好的虾仁，烫熟后捞出，沥干。
3. 取一碗，放入烫过的苦瓜片、虾仁、海带丝和西红柿块。
4. 加入盐、白醋、白糖、生抽、芝麻油，拌匀后盛盘即可。

芦笋

焯水时在锅中加入少许食用油，可使芦笋色泽保持青翠。

油醋风味鲜虾杂蔬

材料：

虾仁150克
紫甘蓝50克
芦笋50克
红甜椒、黄甜椒、姜片各适量
葱段少许

调料：

橄榄油15毫升
苹果醋10毫升
盐2克
蜂蜜、黑胡椒粉各少许

做法：

1. 芦笋切斜段；紫甘蓝和红、黄甜椒均切成丝。
2. 热水锅，倒入芦笋段焯熟，捞出沥干。
3. 锅中加入姜片、葱段续煮，放入处理好的虾仁稍烫，变色即捞出，沥水。
4. 将橄榄油、苹果醋、盐、蜂蜜、黑胡椒粉拌匀，调成油醋汁。
5. 取一碗，放入虾仁、芦笋段、紫甘蓝丝、红甜椒丝、黄甜椒丝，淋入调好的油醋汁，拌匀即可。

蛤蜊

在烹制时不要加味精，也不宜多放盐，以免鲜味失掉。

辣拌蛤蜊

材料：

蛤蜊500克
青椒20克
红椒5克
蒜末、葱花各少许

调料：

盐3克
鸡粉1克
辣椒酱10克
生抽5毫升
料酒、陈醋各4毫升
食用油适量

做法：

1. 洗净的青、红椒切圈，备用。
2. 锅中注水烧开，倒入处理干净的蛤蜊煮2分钟，至壳开、肉熟透，捞出，用清水洗净。
3. 用油起锅，倒入青、红椒圈和蒜末，爆香。
4. 加入辣椒酱、生抽、陈醋、料酒、盐、鸡粉，炒匀，盛出炒好的调味料，装入碗中。
5. 把煮熟的蛤蜊倒入另一碗中，撒上葱花，倒入炒好的调味料，拌至入味，盛出装盘即可。

泰式开胃虾

烹饪时间 10 分钟

材料：

基围虾200克
柠檬、洋葱各50克
红椒、香菜叶各少许

调料：

泰式甜辣酱10克
白醋5毫升
白糖、鱼露各少许

做法：

1. 锅中注水烧开，放入处理干净的基围虾，煮至虾身弯曲、变红，捞出，放入冰水中冰镇片刻。
2. 洋葱去外皮，切丝；洗好的红椒切圈；洗净的柠檬切成半圆形薄片。
3. 将泰式甜辣酱、白醋、白糖、鱼露拌匀，调成味汁，备用。
4. 捞出冰镇过的基围虾，沥干，去头，仅留尾壳。
5. 将去壳基围虾、洋葱丝、红椒圈一起装盘，淋入味汁，拌匀后摆上柠檬片和洗净的香菜叶即可。

虾

煮的时候要注意掌握好时间，以免把虾肉煮老，影响口感。

韩式拌鱿鱼须

分量 2 人份　烹饪时间 6 分钟

材料：

鱿鱼须300克
青椒、红椒各适量
蒜末少许

调料：

生抽、白醋各5毫升
韩式辣酱适量
白糖10克

做法：

1. 处理干净的鱿鱼须切段。
2. 洗好的青、红椒切丝。
3. 热水锅，放入切好的鱿鱼须汆熟，捞出沥干。
4. 取一碗，放入汆熟的鱿鱼须，加入蒜末、青椒丝、红椒丝以及生抽、白醋、韩式辣酱、白糖，拌匀，盛盘即可。

带子肉

带子肉本身极富鲜味，烹制时不要再加味精，以免掩盖鲜味。

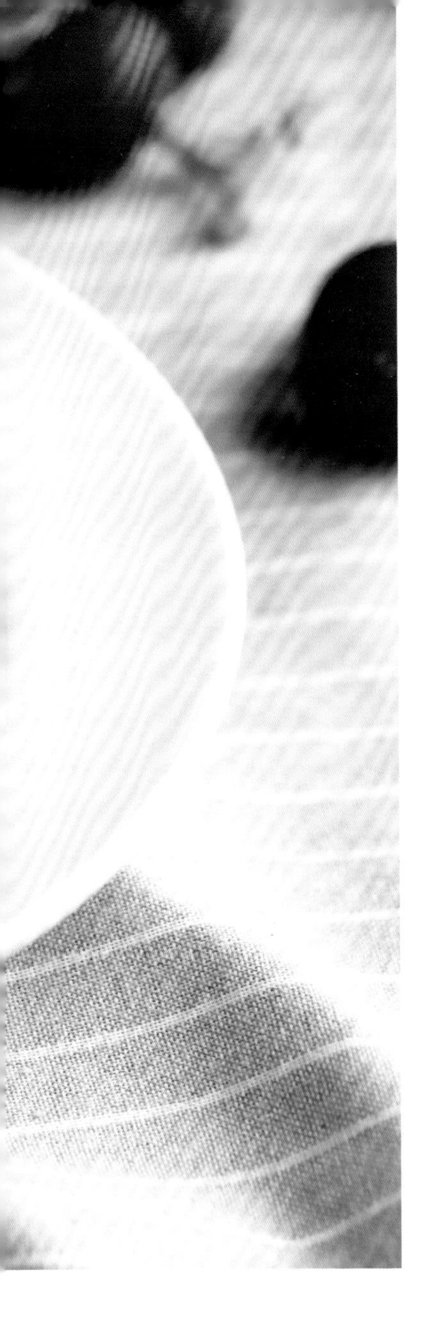

柠香红椒拌带子

材料：

带子肉200克
樱桃萝卜100克
红椒末适量
欧芹少许

调料：

盐2克
黑胡椒粉3克
鱼露8毫升
青柠汁适量

做法：

1. 洗净的樱桃萝卜切片，用盐、青柠汁抹匀，腌渍15分钟。
2. 锅中倒入适量清水煮沸，放入洗好的带子肉汆熟，捞出沥水。
3. 取一碗，放入樱桃萝卜片、红椒末和带子肉，加入鱼露，拌匀。
4. 将拌好的材料盛盘，撒入黑胡椒粉，点缀上洗净的欧芹即成。

蒸出好滋味的关键步骤

现实生活中，有很多人对蒸菜的认识还停留在传统观念上，认为蒸菜菜式简单、口感单一，无法满足吃货们求新、求变、求口感的要求。其实，只要掌握一些关键步骤的制作技巧，蒸菜也能做出丰富的口感、新颖的造型来。

1 食材需腌渍

很多蒸菜在蒸制前都要经过腌渍，便于入味。肉类、禽类是我们日常生活中最常见的蒸菜食材，这些新鲜的肉、禽类菜在蒸制前首先要做好材料的准备工作，因为蒸菜制作时是放入蒸锅一次蒸制完成的，所以最好先焯水，去掉血污和腥味，然后用调味料腌渍拌匀，静置一段时间。肉类的腌渍时间可以长一点，一般前一天晚上调味拌匀，盖上保鲜膜，放入冰箱一晚上，第二天蒸时更容易入味。鱼类在腌渍去腥时一般只需放入盐、料酒、生姜，腌渍 1 小时左右，也可以选择用柠檬汁腌渍。

2 火候和时间的控制

蒸菜的蒸制时间不同，菜品的口感也不同，所以控制好时间也非常关键。一般来说，肥腻的肉类菜可以多蒸些时间，比如香芋粉蒸肉、清香糯米蒸排骨，蒸的时间越长越好吃，而且口感软烂，肥而不腻。鸡、鸭等禽类则不同，蒸的时间太长，口感会变干、变柴，一般蒸至肉熟，筷子能插入且无血丝即可。鱼、虾、蟹也不能蒸太长时间，蒸的时间太长就失去了海鲜的特殊口感和鲜味。新鲜的蔬菜类更不适合久蒸，久蒸容易变色、变味，无论从色、香、味，还是从营养价值来说都不佳。而一些滋补品，比如银耳、雪蛤、虫草等适合久蒸，这样食材里面的营养成分才会慢慢释放出来。

3 调味因人而异

蒸菜最能保持食物的原汁原味和营养，建议不添加辛辣味重的调味品，否则会抑制原料本身的鲜味。喜欢浓香型蒸菜的朋友，除了添加料酒调味外，还可以加些生抽等酱油来调味，但用量不宜过多，以免成品颜色太深影响美观和食欲。喜欢重口味的朋友，可以选择市场上瓶装的各类调味酱，如辣酱、海鲜酱、豆瓣酱、南腐乳等。如果口味再重一点的，也可以将几种酱料一起拌入。

对于蒸菜，有一种特殊的食材不得不重点介绍，因为很多蒸菜都会用到这种材料，它就是蒸菜米粉。蒸菜米粉在市面上有售，不过建议大家自己制备，方法也很简单：选择粳米一小碗，放入热锅中不停地翻炒，不要炒焦，炒至微黄并冒出香气即可，倒出放凉，然后倒入料理机里碾磨成细碎的粉状备用。还可以在粳米中添加茴香、桂皮、花椒、干辣椒等调味料，一起碾磨成各种风味的米粉，蒸出来的菜口感更丰富。需要注意的是，因为鱼类鲜嫩，容易蒸熟，所以蒸鱼的米粉要碾得细碎些。

菜心

将老的一部分去掉，切整齐，码放时好看。

豉油蒸菜心

分量 1 人份

烹饪时间 6 分钟

材料：

菜心150克
红椒丁5克
姜丝2克

调料：

蒸鱼豉油10毫升
食用油适量

做法：

1. 备好电蒸锅，烧开后放入洗净的菜心。
2. 盖上锅盖，蒸约3分钟，至食材熟透，断电后揭盖，取出菜心。
3. 用油起锅，撒上姜丝，爆香，倒入红椒丁，炒匀，再淋上蒸鱼豉油，调成味汁。
4. 关火后盛出，浇在菜心上，摆好盘即成。

秋葵

秋葵焯水的时间不要太长，时间长了影响口感。

蒜香豆豉蒸秋葵

分量 2 人份　烹饪时间 21 分钟

材料：

秋葵250克
豆豉20克
蒜泥少许

调料：

蒸鱼豉油、橄榄油各适量

做法：

1. 洗净的秋葵斜刀切段，取一盘子，摆上秋葵，待用。
2. 热锅内注入橄榄油烧热，倒入蒜泥、豆豉，爆香，将炒好的蒜油浇在秋葵上。
3. 蒸锅注水烧开，放入秋葵，盖上锅盖，蒸20分钟至熟透。
4. 掀开锅盖，将秋葵取出，在秋葵上淋上适量的蒸鱼豉油即可。

大枣蒸冬瓜

材料:

大枣30克
去皮冬瓜300克

调料:

蜂蜜40克

做法:

1. 洗净的大枣去核，切细条，改切成丁。
2. 洗好的冬瓜切成大块，底部均匀打上十字刀，均不切断。
3. 将切好的冬瓜装盘，倒上切好的大枣，蒸锅注水烧开，放上冬瓜和大枣。
4. 用中火蒸20分钟至熟软，取出蒸好的冬瓜和大枣，趁热淋上蜂蜜即可。

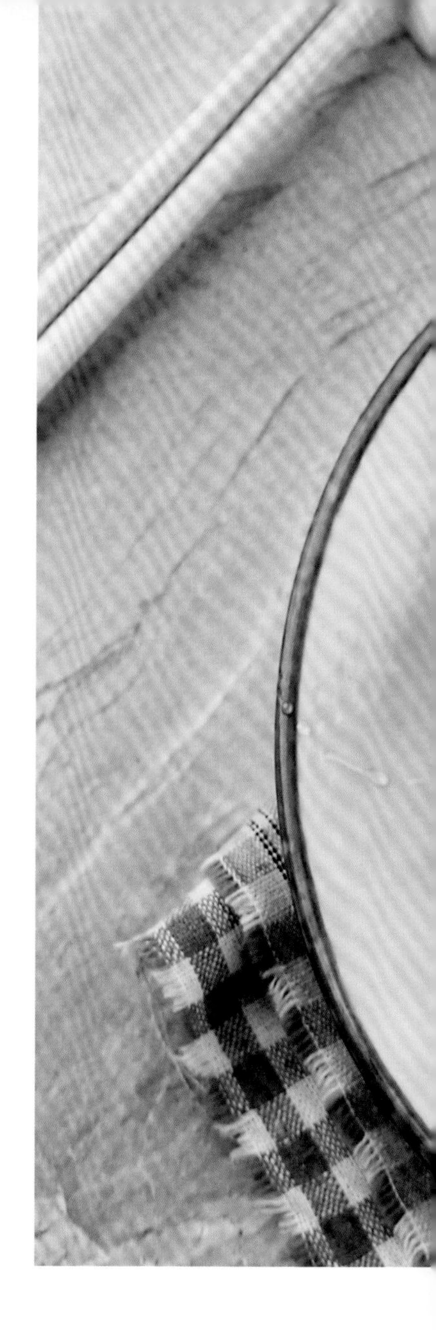

冬瓜

若不喜欢吃太软的冬瓜，可以适当缩短蒸制的时间。

鲜百合

百合中黄色的部分要削掉，这是百合变苦的根本原因。

蜜汁南瓜

材料：

南瓜500克
鲜百合40克
枸杞3克

调料：

冰糖30克

做法：

1. 将去皮洗净的南瓜切片，装入盘中，堆成塔形。
2. 百合洗净，掰成片状；枸杞洗净。
3. 百合片放入南瓜中央摆成花瓣形；放入枸杞点缀。
4. 将南瓜移到蒸锅中。
5. 蒸约7分钟，取出。
6. 锅中加少许清水，倒入冰糖，拌匀。
7. 用小火煮至溶化，将冰糖汁浇在南瓜上即可。

胡萝卜

胡萝卜和菌菇一起蒸之前可先加油焯水，油可以较好地让胡萝卜释放营养素。

什锦蒸菌菇

材料：

蟹味菇90克
杏鲍菇80克
秀珍菇70克
香菇50克
胡萝卜30克
葱段、姜片、葱花各3克

调料：

盐、鸡粉、白糖各3克
生抽10毫升

做法：

1. 洗净的杏鲍菇、秀珍菇、胡萝卜切条，洗净的香菇切片。
2. 取一空碗，倒入杏鲍菇、秀珍菇、香菇、胡萝卜和洗净的蟹味菇，放入姜片和葱段。
3. 加入生抽、盐、鸡粉、白糖，拌匀，腌渍5分钟至入味，装盘。
4. 在已烧开的电蒸锅内，放入腌好的菌菇，蒸5分钟至熟后取出，撒上葱花即可。

西红柿肉末蒸日本豆腐

分量 2 人份

烹饪时间 7 分钟

材料：

西红柿、日本豆腐各100克
肉末80克
葱花少许

调料：

盐3克
鸡粉2克
料酒3毫升
生抽4毫升
水淀粉、食用油适量

做法：

1. 将备好的日本豆腐切段，去除外包装，再切成棋子状的小块；洗净的西红柿切成丁。
2. 用油起锅，倒入肉末炒匀，淋入料酒、生抽，加入盐、鸡粉、西红柿，翻炒均匀，倒入水淀粉勾芡，制成酱料。
3. 取一个干净的蒸盘，将切好的日本豆腐摆好，再铺上酱料。
4. 蒸锅注水烧开后，放入蒸盘，用大火蒸至食材熟透，取出蒸好的食材，撒上葱花，浇上少许热油即可。

肉末

肉末可以适当炒久一些，味道会更香。

南瓜

厚度最好均匀一些，摆盘更整齐美观。

豆瓣排骨蒸南瓜

材料：

排骨段300克
南瓜150克
姜片、葱段各5克
葱花3克

调料：

豆瓣酱15克
鸡粉3克
蚝油、料酒各8毫升
干淀粉5克
生抽10毫升

做法：

1. 将洗净的南瓜切片。
2. 把洗好的排骨段放碗中，撒上葱段、姜片，放入料酒、生抽。加入鸡粉、蚝油、豆瓣酱，拌匀，再倒入干淀粉，拌匀，腌渍一会儿，待用。
3. 取一蒸盘，放入南瓜片，摆好造型，再放入腌渍好的排骨段，码好。
4. 备好电蒸锅，烧开水后放入蒸盘，盖上锅盖，蒸约8分钟，至食材熟透。
5. 断电后揭盖，取出蒸盘，撒上葱花即可。

口蘑

品质优良的口蘑，不应含有太多水分，在购买之前应掂一下是否过重。

口蘑鸡翅

材料：

口蘑50克
鸡中翅4只
姜末、蒜末各适量
香菜少许

调料：

盐3克
料酒、香油各5毫升
柠檬醋20毫升
食用油适量
椒盐少许

做法：

1. 将洗净的口蘑切片。
2. 将洗好的鸡中翅装碗，加入盐、料酒， 拌匀，放入蒸锅中蒸熟。
3. 起油锅，先下姜末、蒜末爆香，再放入口蘑炒熟。
4. 加入柠檬醋、椒盐、香油调味，炒匀后盛盘。
5. 取出蒸好的鸡中翅，放入冰水中冰镇，捞出沥水。
6. 将鸡中翅与炒好的口蘑拌匀，撒上洗净的香菜点缀即可。

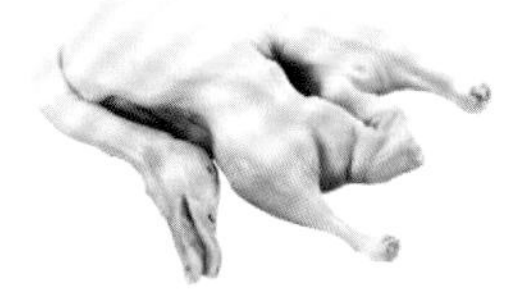

鸭肉

用啤酒腌鸭肉，可以去除一些鸭肉的油腻感。

啤酒蒸鸭

材料：

鸭肉400克
啤酒150毫升
水发豌豆180克
水发香菇150克
姜末、葱段各少许

调料：

盐、胡椒粉各2克
老抽5毫升
水淀粉9毫升
食用油适量

做法：

1. 水发香菇切去蒂，再对半切开。
2. 鸭肉中加入姜末、葱段、水发豌豆、水发香菇，倒入啤酒。加入盐、胡椒粉、老抽、5毫升水淀粉，搅拌片刻，倒入食用油，腌渍15分钟入味。
3. 取一个蒸盘，倒入腌好的鸭肉，待蒸锅注水烧开后，放入蒸锅，大火蒸至肉熟透，取出。
4. 热锅中倒入鸭汤，注入清水，煮沸，倒入4毫升水淀粉、食用油，调成芡汁，浇在鸭肉上即可。

蒸三色蛋

烹饪时间
14
分钟

材料：

鸡蛋3个
去壳皮蛋1个
清水100毫升

调料：

盐、鸡粉各3克

做法：

1. 皮蛋切小块；鸡蛋磕破，蛋清与蛋黄分装于两碗中。
2. 两碗中加入盐、鸡粉和水，拌匀、搅成液，待用。
3. 取一蒸盘，放入切好的皮蛋，倒入调好的蛋清液。
4. 电蒸锅注水烧开后放入蒸盘，蒸至蛋清液成形，取出蒸盘，稍微冷却后注入调好的蛋黄液。
5. 再次放入烧开的电蒸锅中，蒸至食材熟透，取出蒸盘，食用时分切成小块，装在盘中摆好即可。

皮蛋

最好切得小一些，蒸熟后口感会更松软。也可加入少许鸭蛋碎，味道更美。

肉末蒸蛋羹

分量
2
人份

烹饪时间
9
分钟

材料：

鸡蛋2个
肉末20克

调料：

红糖15克
黄酒5毫升

做法：

1. 备一玻璃碗，倒入温水，放入红糖，搅拌至溶化。
2. 备一空碗，打入鸡蛋，打散至起泡，往蛋液中加入黄酒，拌匀。
3. 倒入红糖水，拌匀，待用；蒸锅中注水烧开，揭盖，放入处理好的蛋液。
4. 盖上锅盖，用中火蒸4分钟，揭盖，放入肉末后再蒸5分钟，关火即可。

香菇蒸鳕鱼

材料：

鳕鱼肉200克
香菇40克
泡小米椒15克
姜丝、葱花各少许

调料：

料酒4毫升
盐、蒸鱼豉油适量

做法：

1. 泡小米椒切碎；洗好的香菇切成条。
2. 洗净的鳕鱼肉装入碗中，放入料酒、盐，拌匀。
3. 将鳕鱼装入盘中，加入香菇、泡小米椒碎、姜丝，放入烧开的蒸锅中。
4. 用中火蒸8分钟，至食材熟透，将蒸好的鳕鱼取出，浇上蒸鱼豉油，撒上葱花即可。

鳕鱼

鳕鱼不宜蒸太久，否则会影响口感。

玩转烤箱的实用小锦囊

1 烤箱使用须知

正确放置烤箱

烤箱应放置在平稳隔热的水平桌面上。烤箱的四周要预留足够的空间，保证烤箱距离四周的物品至少有10厘米远。烤箱的顶部不能放置任何物品，以免对其在运作过程中产生不良影响。

准确控制烤温

在烘烤食物时，要注意准确控制烤箱的温度，以免影响成品效果。以烘烤蛋糕为例：一般情况下，蛋糕的体积越大，烘焙所需的温度越低，时间越长。

注意隔热勿烫伤

放入或取出烤盘时，都一定要使用工具或隔热手套，切勿用手直接触碰烤盘或烤制好的食物，以免烫伤。此外，开关烤箱门时也要格外小心，烤箱的外壳及玻璃门也很烫，注意别被烫伤。

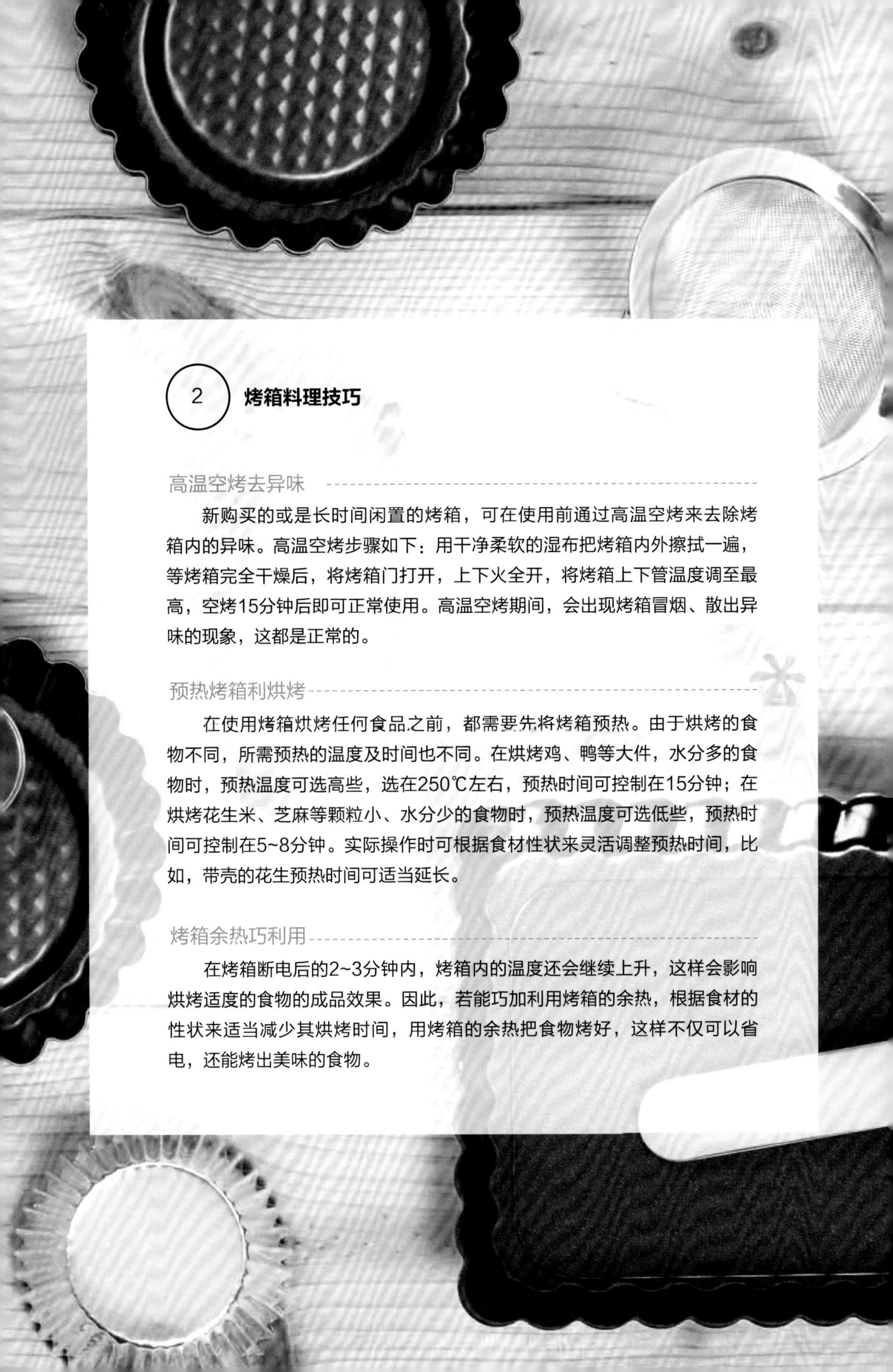

2 烤箱料理技巧

高温空烤去异味

新购买的或是长时间闲置的烤箱，可在使用前通过高温空烤来去除烤箱内的异味。高温空烤步骤如下：用干净柔软的湿布把烤箱内外擦拭一遍，等烤箱完全干燥后，将烤箱门打开，上下火全开，将烤箱上下管温度调至最高，空烤15分钟后即可正常使用。高温空烤期间，会出现烤箱冒烟、散出异味的现象，这都是正常的。

预热烤箱利烘烤

在使用烤箱烘烤任何食品之前，都需要先将烤箱预热。由于烘烤的食物不同，所需预热的温度及时间也不同。在烘烤鸡、鸭等大件，水分多的食物时，预热温度可选高些，选在250℃左右，预热时间可控制在15分钟；在烘烤花生米、芝麻等颗粒小、水分少的食物时，预热温度可选低些，预热时间可控制在5~8分钟。实际操作时可根据食材性状来灵活调整预热时间，比如，带壳的花生预热时间可适当延长。

烤箱余热巧利用

在烤箱断电后的2~3分钟内，烤箱内的温度还会继续上升，这样会影响烘烤适度的食物的成品效果。因此，若能巧加利用烤箱的余热，根据食材的性状来适当减少其烘烤时间，用烤箱的余热把食物烤好，这样不仅可以省电，还能烤出美味的食物。

3 烤箱新手疑问

烤箱在加热时，为什么有时候会发出声响？

烤箱外壳或内部元器件由于热膨胀的关系而发出声响，这一般出现在烤箱预热的过程中，当烤箱的温度稳定以后就不会响了。

为什么按照食谱所给的时温来烘烤食物，成品效果却不一样？

首先，食物的数量与薄厚程度都会影响到它的烘烤时间；其次，家用烤箱的温度存在误差，食谱的温度仅供参考。因此，您还需要根据食物及自家烤箱的实际情况来控制时间和温度。

烤箱的加热管为何一会儿亮起一会儿灭掉？

烤箱在加热时，烤箱的加热管会发红、亮起，烤箱内的温度会上升。当箱内温度上升到一定程度时，加热管就会停止工作、变暗；当箱内温度逐渐降到某个范围时，加热管就会重新加热。因此，在加热管一会儿亮起一会儿灭掉的过程中，烤箱内的温度始终保持在设定的范围内。

如何解决新手掌握不好食物烘烤的温度和时间的问题?

烘烤温度	食物类型
50℃	食物保温、面团发酵
100℃	各类酥饼、曲奇饼、蛋挞
150℃	酥角、蛋糕
200℃	面包、煎饺、花生、烙饼
250℃	各类扒、叉烧、烧肉、鱼、 烤鸭

烘烤时间	食物类型
10~20 分钟	饼、桃酥、串烧肉
12~15 分钟	面包、烙饼、排骨
15~20 分钟	各类酥饼、烤花生
20~25 分钟	牛扒、蛋糕、鸡翅
25~30 分钟	鸡、鸭、烧肉
30~35 分钟	红烧鱼

芝士焗西蓝花

西蓝花300克
蒜末10克
马苏里拉芝士100克
淡奶油60克

调料:

盐、黑胡椒、食用油
各适量

做法:

1. 锅中注水烧开，加入盐、食用油，倒入切成小朵的西蓝花，汆水片刻捞出。
2. 热锅注油烧热，倒入蒜末爆香，倒入西蓝花，翻炒片刻。
3. 加入盐、黑胡椒，翻炒入味后加入淡奶油，略煮。
4. 将炒好的西蓝花倒入容器内，撒上芝士碎。
5. 将西蓝花放入预热好的烤箱内，以上下火180℃烤制10分钟即可。

西蓝花

不宜煮得过熟，以免影响口感。

土豆

尽量切均等大小，这样受热均匀，熟的时间相近。

和风烤土豆

材料：

土豆250克
香菜适量

调料：

盐、蒲烧汁各适量

做法：

1. 锅中倒入蒲烧汁，大火煮至剩一半。
2. 土豆去皮切成大块，放入烧开的沸水中，加入盐，煮10分钟。
3. 将煮好的土豆捞出，装碗，摆上香菜，倒入蒲烧汁。
4. 放入预热好的烤箱内，以上下火180℃烤制40分钟即可。

烤芋头

分量 2 人份　烹饪时间 20 分钟

材料：

芋头200克

做法：

1. 芋头清洗干净后，用锡纸将其完全包住。
2. 将芋头放在烤架上。
3. 不时翻动直至烤熟。

芋头

新鲜的芋头比较硬，如果发现芋头较软，可能就有点不新鲜了。

和风小牛排

分量 2 人份　烹饪时间 30 分钟

材料：

牛小排400克
柠檬适量
薄荷叶少许

调料：

苹果醋20毫升
橄榄油、白兰地各10毫升
黑胡椒少许

做法：

1. 洗净的柠檬对切，一半切片，一半挤汁备用。
2. 将洗净的牛小排放入铺有锡纸的烤盘上，均匀刷上橄榄油。
3. 将烤盘推入预热好的烤箱，以上下火200℃烤至个人喜好的熟度，取出装入盘中。
4. 摆上柠檬片，淋入苹果醋、白兰地，挤入柠檬汁，撒上黑胡椒，点缀上薄荷叶。

蒜香蜜烤猪颈肉

材料：

猪颈肉250克
柠檬片2片
蒜末适量

调料：

盐、料酒各适量

做法：

1. 将处理好的猪颈肉切厚片，待用。
2. 用料酒、蒜末将猪肉片抹匀，盖上保鲜膜，放入冰箱冷藏，半小时后取出，将肉片放在烤架上。
3. 盖上备好的柠檬片，大火烤制。
4. 烤出油脂后将其翻面，撒上盐，将两面烤至熟透呈金黄色即可。

猪颈肉

用刀尖在肉排上戳几个小洞会更易烤熟。

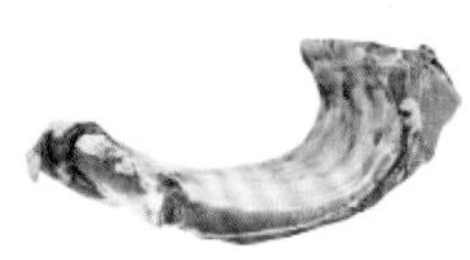

排骨

排骨可以预先焯水，这样做既能去除腥气，也能防止烧菜时汤色混浊。

甜辣酱烤排骨

材料：

排骨250克

调料：

蒜香粉、白糖各5克
酱油、料酒各15毫升
泰式甜辣酱20克

做法：

1. 将排骨剁成长约5厘米的长条，洗净沥干。
2. 排骨条用蒜香粉、白糖、酱油、料酒抹匀，腌渍20分钟。
3. 烤箱预热，将腌好的排骨条平放铺于烤盘上，以上下火220℃烤18分钟，至排骨表面略为焦黄。
4. 取出，均匀刷上泰式甜辣酱，再放入烤箱烤1分钟即可。

麻辣烤翅

材料：

鸡翅170克

调料：

辣椒粉40克
盐、鸡粉各1克
花椒粉5克
生抽5毫升
食用油适量
蜂蜜15克
蒜姜汁20毫升

做法：

1. 在洗净的鸡翅两面均切上一字刀。
2. 将鸡翅装碗，倒入蒜姜汁，加入盐、鸡粉、生抽、辣椒粉、花椒粉、食用油、蜂蜜，拌匀，腌渍20分钟至入味。
3. 备好烤箱，取出烤盘，放上腌好的鸡翅。
4. 将烤盘放入烤箱中，以上下火220℃，烤制20分钟至鸡翅熟透即可。

鸡翅

鸡翅中部肉厚不容易熟，腌渍之前可以在鸡翅上斜着划几刀。

鲈鱼

需事先腌制一下才能入味。

炙烧鲈鱼

材料：

鲈鱼400克
洋葱30克
彩椒50克
姜片少许

调料：

盐2克
黑胡椒2克
料酒5毫升
食用油适量

做法：

1. 洗净的鲈鱼两边切上一字花刀。
2. 处理好的洋葱切成小块。
3. 洗净的彩椒去籽，切成小块。
4. 鲈鱼装入盘中两面涂抹上盐、黑胡椒，鱼腹内塞进姜片。
5. 再刷上一层食用油，铺上洋葱、彩椒。
6. 最后撒上黑胡椒，放入预热好的烤箱，以上下火200℃，烤10分钟至鲈鱼熟即可。

鳕鱼

烤时不宜频繁翻动鱼肉，以免使鱼肉破碎。

生烤鳕鱼

材料：

带皮鳕鱼150克
柠檬半个

调料：

盐适量

做法：

1. 将处理好的鳕鱼表面的水擦干净，放在烤架上。
2. 将表面烤出花纹，两面撒上盐。
3. 烤入味后，挤上柠檬汁即可。

明虾

虾在烹制前加入少许柠檬汁，可去除腥味，使味道更鲜美。

蒜香芝士烤虾

材料：

明虾140克
大蒜20克
芝士30克
葱花少许

调料：

橄榄油、盐各少许

做法：

1. 大蒜去皮，剁成蒜泥。
2. 洗净的明虾背部切开，剔去虾线。
3. 芝士细细切碎。
4. 将明虾铺在盘子内，撒上少许盐。
5. 再填上芝士、蒜泥，淋上少许橄榄油。
6. 放入预热好的烤箱内，上下火170℃烤制7分钟，再撒上葱花即可。

海鲜烤菜

材料：

土豆丁、红甜椒丁各150克
西葫芦片90克
虾仁（对半切开）、马苏里拉芝士碎各100克
蒜末适量

调料：

盐、黑胡椒各少许
橄榄油适量
黄油30克

做法：

1. 锅内加入橄榄油，烧热后放入蒜末炒香，加入土豆丁和红甜椒丁炒3分钟。
2. 加入虾仁炒熟后，加盐、黑胡椒调味。
3. 把西葫芦片铺入刷过底油的烤箱容器内，倒入炒好的虾仁和蔬菜，撒上马苏里拉芝士，铺上黄油。
4. 放入预热至180℃的烤箱中，烤制20分钟即可。

土豆

土豆不易炒熟，因此切丁时可切得小一点。

蛤蜊

本身鲜美，所以无须多加调味。

酒焖蛤蜊

材料：

蛤蜊200克
清酒适量

调料：

生抽少许

做法：

1. 将蛤蜊清洗干净，放入容器中，倒入清酒。
2. 盖上盖子将容器放入烤箱内，以上下火180℃烤制10分钟。
3. 待时间到，淋入少许生抽。
4. 再续烤5分钟至壳张开即可。

鱿鱼须

加料酒可去除鱿鱼的腥味。

烤鱿鱼须

材料：

鱿鱼须200克
洋葱35克
西芹55克
彩椒60克
姜末、蒜末各少许

调料：

盐2克
辣椒粉6克
料酒4毫升
食用油适量
花椒粉、孜然粉、白胡椒粉各少许

做法：

1. 鱿鱼须、西芹切段；彩椒、洋葱切丝，备用。
2. 把切好的鱿鱼须装入碗中，撒上姜末、蒜末，加入盐、花椒粉、辣椒粉、白胡椒粉、孜然粉、料酒，拌匀，腌渍一会儿。
3. 烤盘中铺好锡纸，刷上适量食用油，倒入切好的洋葱、西芹和彩椒，铺平。
4. 放入腌渍好的材料，铺开、摊匀。
5. 推入预热好的烤箱，以上下火200℃烤20分钟至熟即可。

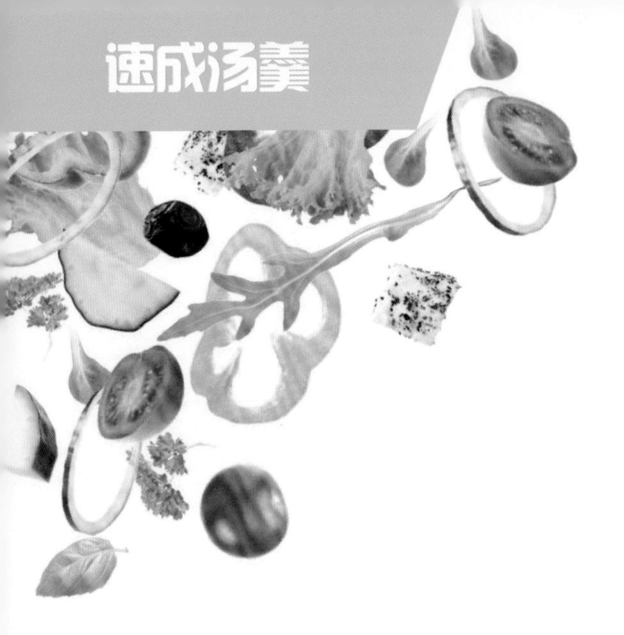

做一碗好汤的基本要领

1 选材是关键

俗话说“巧妇难为无米之炊”，如果想要煮出一锅美味与营养兼备的好汤，原料得当是关键。

蔬菜中的冬瓜、莲藕、白萝卜、香菇等，对于煮汤而言都是不错的选择；而西蓝花、苦瓜等由于煮后有特殊的味道，因此不适合用来煮汤。

肉类食品如鸡、鸭、猪瘦肉、猪骨、鱼类等，含有丰富的蛋白质、琥珀酸、核苷酸等，是汤味鲜美的主要来源，对这类原料最基本的要求就是鲜味足、异味小、血污少。使用肉类做汤前，要先将肉汆一下，去除肉中残留的血水，这样煮出的汤色才正。

另外，可根据个人身体状况选择温和的汤料。如身体火气旺盛，可选择绿豆、海带、冬瓜、莲子等清火、滋润类的汤料；身体寒气过盛，那么就应选择热性食材作为汤料。

2 巧用好器皿

俗话说：“工欲善其事，必先利其器。”选用好的煮汤器具，对于煮一道滋味鲜美的靓汤有着不可替代的妙用。

陈年瓦罐煨鲜汤的效果最佳。瓦罐是由不易传热的石英、长石、黏土等原料配合而成的陶土，经过高温烧制而成。其通气性、吸附性好，还具有传热均匀、散热缓慢等特点。煨制鲜汤时，瓦罐能均衡而持久地把外界热能传递给内部原料。相对平衡的环境温度有利于水分子与食物的相互渗透，这种相互渗透的时间维持得越长，鲜香成分就溢出得越多，煨出的汤滋味也就越鲜醇。

此外，家中必备的其他煲汤工具还要有漏勺、汤勺、滤网、高压锅、汤锅等，汤锅有不锈钢和陶瓷等不同材质。若要使用汤锅长时间煲汤，一定要盖上锅盖慢慢炖煮，这样可以避免热量过度挥散。

过咸的汤变淡

很多人都有过这样的经历，做汤的过程中，一不小心盐放多了，汤变得太咸。硬着头皮喝，实在难入口，倒掉又可惜。怎么办呢？其实只要用一个小布袋，里面装进一把面粉或者大米，放在汤中一起煮，咸味很快就会被吸收进去，汤自然就变淡了。也可以把一个洗净去皮的生土豆放入汤内煮 5 分钟，汤亦可变淡。

3 过油的汤去腻

有些脂肪含量多的原料煮出来的汤特别油腻，遇到这种情况，第一种办法是使用市面上卖的滤油壶，把汤中过多的油过滤出去。如果没有滤油壶，可采用第二种办法，即将少量紫菜置于火上烤一下，撒入汤内，紫菜就可吸去过多油脂。第三种方法则是在煲汤时放入几块新鲜的橘皮，这样也可以吸收大量油脂，汤喝起来没有油腻感，而且味道棒极了。第四种方法是用一块布包上冰块，从油面上轻轻掠过，汤面上的油就会被冰块吸收。冰块离油层越近越容易将油吸干净。

4 调料巧搭配

美味的汤除了主料自身的鲜味外，调料的选择也很重要。通常喝汤讲求原汁原味，不必添加过多的调料。但是肉类原料的腥味还是需要去除的，提前将肉类焯一下水，同时放些生姜片或葱段去腥就可以了。肉里的浮沫被煮出来以后，再用来煲汤就不会有腥味。最需要注意的一点是：盐一定要最后放。盐如果放早了，会造成食材中的蛋白质凝固，营养成分不易煮出，就降低了汤的营养价值，煲出的汤颜色也会比较暗，喝起来寡淡无味。

5 水量需适宜

煲汤时，对于水量的合理把控是保证汤的口感好和营养高的关键。一般来说，原料与水的比例为 1 ： 1.5 时最好，这时汤汁中的营养成分最高，香味和口感也最好。

煲汤一定要用冷水，因为热水会使肉的表面突然受热，外层的蛋白质很快凝固，不利于里层蛋白质充分地溶解到汤汁中。而且在煲汤过程中，一定不要中途加水，以免影响汤的口感和味道。如果由于不慎，没有把握好水量，也不要加入冷水，可以根据煲汤情况适当加入热水。

由于快手滚氽汤与羹汤是利用短时间烹饪，汤水不容易蒸发掉，所以水量只要以喝汤人数的总和乘以 0.8 即可。例如，家中有 4 人，依照惯例每人喝两碗汤左右，共计 8 碗，每碗约 220 毫升，总共为 1760 毫升，因此煮汤的水量即是 1760 毫升乘以 0.8，约为 1400 毫升，加入材料快煮后，即可得到每人喝两碗汤的量。

冬瓜

挑选表面光滑，没有坑包的。

白菜冬瓜汤

材料：

大白菜180克
冬瓜200克
枸杞8克
姜片、葱花各少许

调料：

盐、鸡粉各2克
食用油适量

做法：

1. 将洗净去皮的冬瓜切成片，大白菜切成小块。
2. 用油起锅，放入少许姜片，爆香。
3. 倒入切好的冬瓜片和大白菜，炒匀。
4. 倒入适量清水，放入洗净的枸杞，加盖烧开后用小火煮5分钟，至食材熟透。
5. 加盐、鸡粉调味，出锅后撒上葱花即可。

香菇丝瓜汤

材料：

香菇30克，丝瓜120克，高汤200毫升，姜末、葱花少许

分量 1 人份

调料：

盐2克，食用油少许

烹饪时间 2 分钟

做法：

1. 香菇洗好，切粗丝；丝瓜去皮，洗净，切小块。
2. 起油锅，下姜末，大火爆香，放入香菇丝翻炒几下至其变软。放入丝瓜，翻炒匀。
3. 待丝瓜析出汁后注入备好的高汤，拌匀。
4. 加盖，用大火煮片刻至汤汁沸腾,揭盖，加盐拌匀调味，撒上葱花即可。

玉米胡萝卜汤

材料：

胡萝卜200克，玉米棒150克，上海青100克，姜片少许

调料：

盐、鸡粉3克，食用油少许

烹饪时间 22 分钟

做法：

1. 把洗净的上海青切开，修整齐；玉米切段；胡萝卜切滚刀块。
2. 锅中注水烧开，倒入少许食用油，放入上海青，焯煮熟，捞出沥干。
3. 热水锅，倒入玉米、胡萝卜煮约半分钟；撒上姜片，用大火煮沸。
4. 将锅中的材料倒入砂煲中，盖上盖，煮沸后用小火续煮约20分钟至食材熟透，揭盖，加入盐、鸡粉，用锅勺拌匀，装碗，用煮熟的上海青围边即可。

菠菜

清洗时加入少量的小苏打，可以有效地去除农药。

菠菜肉丸汤

分量 2 人份

材料:

菠菜70克
肉末110克
姜末、葱花各少许

调料:

盐2克
鸡粉3克
生抽2毫升
生粉12克
食用油适量

做法:

1. 将洗净的菠菜切段。
2. 把肉末装入碗中，倒入姜末、葱花，加少许盐、鸡粉，拌匀，撒上生粉，再拌匀，至其起劲。
3. 锅中注入适量清水烧开，将拌好的肉末挤成丸子，放入锅中。
4. 用大火略煮，撇去浮沫。
5. 加入少许食用油、盐、鸡粉、生抽。
6. 倒入菠菜，拌匀，煮至断生，关火后盛出煮好的肉丸汤即可。

西红柿丸子豆腐汤

材料：

西红柿80克，豆腐85克，肉丸60克，葱花、姜片各少许

分量 2 人份

调料：

盐、鸡粉、胡椒粉、大豆油各适量

烹饪时间 5 分钟

做法：

1. 豆腐洗净切成小方块；西红柿洗净切块。
2. 用大豆油起锅，加适量清水烧开。
3. 倒入肉丸、豆腐、盐、鸡粉、胡椒粉和姜片。
4. 煮约3分钟后，倒入西红柿，中火再煮1分钟至熟透。
5. 盛出，撒入葱花即成。

猪血豆腐青菜汤

材料：

猪血300克，豆腐270克，生菜30克，虾皮、姜片、葱花各少许

分量 4 人份

调料：

盐、鸡粉各2克，胡椒粉、食用油各适量

烹饪时间 5 分钟

做法：

1. 将豆腐、猪血切成小块。
2. 热水锅，倒入备好的虾皮、姜片，再倒入切好的豆腐、猪血，加入适量盐、鸡粉，拌匀，盖上盖，用大火煮2分钟。
3. 揭开盖，淋入少许食用油，放入洗净的生菜，拌匀。撒入胡椒粉，搅拌至其入味。
4. 关火后盛出，装碗，撒上葱花即可。

白菜

尽量挑结实的大白菜，吃起来会更加甘甜。

虾米白菜豆腐汤

材料:

虾米20克
豆腐90克
白菜200克
枸杞15克
葱花少许

调料:

盐、鸡粉各2克
料酒10毫升
食用油适量

做法:

1. 把食材洗净，豆腐切成小方块，白菜切丝，备用。
2. 用油起锅，倒入虾米，炒香。
3. 放入切好的白菜，翻炒均匀，淋入料酒提鲜。
4. 倒入适量清水，加入洗净的枸杞，加盖煮至沸腾。
5. 揭开盖，放入豆腐块，煮沸；加适量盐、鸡粉拌匀入味。
6. 关火后盛出煮好的汤料，装入碗中，撒上备好的葱花即可。

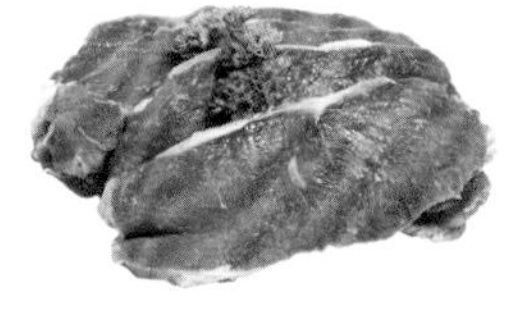

牛肉

牛肉横切较好，这样能将长纤维切断，煮的时候入味。

家常牛肉汤

材料：

牛肉200克
土豆150克
西红柿100克
姜片、枸杞各少许
葱花适量

调料：

盐、鸡粉各2克
胡椒粉、料酒各适量

做法：

1. 牛肉切丁，土豆削去皮切成大块，西红柿切开，去蒂，再切成块。
2. 砂煲中注入适量清水，大火煮沸，放入姜片、枸杞，倒入牛肉丁，淋入少许料酒，拌匀，用大火煮沸，撇去浮沫，盖上盖，小火煮30分钟至牛肉熟软。
3. 揭盖，倒入切好的土豆、西红柿，再盖上盖，煮约15分钟至食材熟透。
4. 揭开盖，加入盐、鸡粉、胡椒粉，拌煮均匀至入味，将煮好的牛肉汤盛放在汤碗中，撒上备好的葱花即成。

百合银耳汤

材料：

水发银耳180克
鲜百合50克
珍珠粉10克

调料：

冰糖25克

做法：

1. 将泡发洗好的银耳切成小块，备用。
2. 砂锅注清水烧开，倒入银耳、百合。
3. 加盖，用小火炖煮20分钟，至熟透。
4. 揭开盖，放入珍珠粉，搅至沸腾。
5. 倒入冰糖，煮至其完全溶化。
6. 关火后将煮好的甜汤盛出即可。

银耳

用温水泡发银耳，可以缩短泡发时间。

红枣

可以挑去核的红枣，以免影响食用口感。

桂圆红枣山药汤

材料：

山药80克
红枣30克
桂圆肉15克

调料：

白糖适量

做法：

1. 将洗净去皮的山药切开，再切成条，改切成丁。
2. 锅中注入适量清水烧开，倒入红枣、山药，搅匀。
3. 倒入备好的桂圆肉，搅拌片刻。
4. 盖上盖，烧开后用小火煮15分钟至食材熟透。
5. 揭开盖，加入少许白糖，搅拌片刻至食材入味。
6. 关火后将煮好的甜汤盛出，装入碗中即可饮用。